Python
深度学习入门：
从基础知识到实践应用

［日］木村优志 著
贾哲朴 译

机械工业出版社
CHINA MACHINE PRESS

本书全面细致地讲解了深度学习的基础知识及其应用，具体内容包括深度学习开发环境的准备、Python的基础知识，以及深度学习模型的使用与开发等。书中充分结合了实例，对深度学习的概念、模型和程序语句进行了深入浅出的介绍，尤其是重点介绍了使用迁移学习的"NyanCheck"应用程序如何识别图像的种类，全面剖析了深度学习在实际中的应用。

本书适合人工智能、机器学习和深度学习方向的学生和技术人员学习，也适合广大人工智能爱好者阅读。

現場で使える！Python深層学習入門
(Genba de Tsukaeru！Python Shinso Gakushu Nyumon: 5097-0）
© 2019 Masashi Kimura
Original Japanese edition published by SHOEISHA Co., Ltd.
Simplified Chinese Character translation rights arranged with SHOEISHA Co., Ltd. through Shanghai To-Asia Culture Co., Ltd.
Simplified Chinese Character translation copyright © 2022 by China Machine Press.

本书由翔泳社正式授权，版权所有，未经书面同意，不得以任何方式做全面或局部翻印、仿制或转载。
本书由翔泳社授权机械工业出版社在中国大陆地区（不包括香港、澳门特别行政区及台湾地区）出版与发行。未经许可之出口，视为违反著作权法，将受法律之制裁。

北京市版权局著作合同登记　图字：01-2020-3793号。

图书在版编目（CIP）数据

Python深度学习入门：从基础知识到实践应用 /（日）木村优志著；贾哲朴译. —北京：机械工业出版社，2022.3
ISBN 978-7-111-70076-0

Ⅰ.①P… Ⅱ.①木…②贾… Ⅲ.①软件工具–程序设计 Ⅳ.①TP311.561

中国版本图书馆CIP数据核字(2022)第010767号

机械工业出版社（北京市百万庄大街22号　邮政编码100037）
策划编辑：任　鑫　　　责任编辑：任　鑫　杨　琼
责任校对：樊钟英　李　婷　封面设计：马精明
责任印制：常天培
北京机工印刷厂印刷
2022年4月第1版第1次印刷
184mm×240mm · 21.5印张 · 466千字
标准书号：ISBN 978-7-111-70076-0
定价：99.00元

电话服务　　　　　　　　　网络服务
客服电话：010-88361066　　机　工　官　网：www.cmpbook.com
　　　　　010-88379833　　机　工　官　博：weibo.com/cmp1952
　　　　　010-68326294　　金　书　网：www.golden-book.com
封底无防伪标均为盗版　　　机工教育服务网：www.cmpedu.com

FOREWORD 译者序

近年来，在人工智能领域，深度学习备受瞩目。它是大数据时代的算法利器，也是近几年的研究热点，而且已经在现实生活中向人们展示了其优越性，为人们的生活带来了诸多便利。随着未来人工智能的普及程度不断提高，进入这个领域的门槛会逐渐降低，与此同时，想要了解深度学习机制的读者也会不断增多。本书正是为了满足这种需求，从基础开始，通过实际动手演练的方式，展示了如何进行深度学习。

本书的内容包括深度学习开发环境的准备、Python 的基础知识和深度学习模型的使用与开发等，充分结合实例，对深度学习的概念、模型和程序语句进行了深入浅出的介绍，是一本很好的入门书籍。尤其最后一章介绍的"NyanCheck"应用程序，通过使用迁移学习读取图像、识别图像种类，展现了深度学习在实际开发中的应用，堪称是本书的精华。

希望本书能为想要进入这一领域的读者带来帮助。

鉴于深度学习的专业性较强，且具有一定的深度，在本书的翻译过程中，虽然查阅了相关文献，但限于译者水平，书中难免存在不妥和失误之处，望广大读者予以批评指正。

译　者

PREFACE 原书前言

近年来，在人工智能的相关领域中，深度学习备受关注。在深度学习领域中，"图像处理"的关注程度较高，应用范围较广，服务支持较多。此外，放眼全球该领域的论文，每年发表的与图像识别相关的论文数不胜数。

本书面向在研究和工作中使用深度学习的工程师，是一本涉及 Python 必要基础知识、深度学习模型开发方法以及 Web 应用程序使用方法的书籍。

本书是为以下人士而写的：
- 没有 Python 的基础知识储备，但想学习深度学习。
- 想知道如何使用深度学习模型开发 Web 应用程序。

对于这些读者来说，我们使用的数学公式不是很多，即使使用也是在编写相关程序时以一种易于理解的方式对其进行解释。

特别是最后一章中介绍的名为"NyanCheck"的应用程序，使用了迁移学习，通过读取猫的图像来识别猫的类型，这对实际的应用程序开发具有重要的参考价值。

本书如能为工程师们的应用程序开发助一臂之力，我们将甚为荣幸。

木村优志

2019 年 6 月

本书的读者对象和阅读本书所需的必要知识

　　本书讲述了深度学习开发环境的准备、Python 的基本深度学习模型以及如何在现场使用，并解释了深度学习领域中，课题需求度高的图像识别模型的构建方法。在最后一章中，我们还说明了如何在谷歌云平台（Google Cloud Platform，GCP）上配置深度学习模型。

　　本书的适用对象是那些没有 Python 基础知识储备，但想要了解深度学习的机制，以及那些想要知道如何使用深度学习模型开发 Web 应用程序的读者。

　　如果您具有大学第一学年学习的线性代数和微积分等知识，将会对您理解第 11 章以后的内容有所帮助。

 本书的构成

　　本书分为 2 个部分。

　　第 1 部分讲述了 Python 的基础知识。

　　第 2 部分中，在深度学习的基础上介绍了使用迁移学习的应用程序开发，并说明了如何将其配置到 GCP。

　　具体而言，第 1 部分的第 1 章～第 8 章详细地讲解了本书深度学习中使用的 Python 基础知识。

　　第 2 部分的第 9 章～第 12 章介绍了深度学习的基础和实际的编程技术。

　　在第 2 部分的第 13 章中，详细地介绍了使用迁移学习的 NyanCheck 应用程序以及在 Google Cloud Platform 上的配置方法。

目录

译者序

原书前言

本书的读者对象和阅读本书所需的必要知识

本书的构成

第 0 章　开发环境的准备　　001

0.1　Anaconda 的安装　　002
- 0.1.1　Anaconda 的安装方法　　002
- 0.1.2　虚拟环境的搭建　　006
- 0.1.3　库的安装　　008
- 0.1.4　Jupyter 的启动和安装　　009

0.2　Google Colaboratory 的使用　　012
0.3　macOS 中虚拟环境的搭建　　013

第 1 部分　Python入门篇

第 1 章　运算、变量和类型　　017

1.1　输出 Hello world　　018
- 1.1.1　关于 Python　　018
- 1.1.2　使用 Python 输出 Hello world　　018

1.2　Python 的用途　　019
1.3　注释的输入　　020
1.4　数字和字符串　　021
1.5　运算　　023
1.6　变量　　026
- 1.6.1　变量的定义　　026
- 1.6.2　变量的命名规则　　026

- 1.7 变量的更新 ... 030
- 1.8 字符串的拼接 ... 035
- 1.9 类型 ... 037
- 1.10 类型的转换 ... 040
- 1.11 比较运算符的转换 ... 043

第 2 章 if 条件语句 ... 045

- 2.1 if 语句 ... 046
- 2.2 else 语句 ... 049
- 2.3 elif 语句 ... 051
- 2.4 and、not、or ... 054

第 3 章 列表类型 ... 057

- 3.1 列表类型① ... 058
- 3.2 列表类型② ... 060
- 3.3 list in list ... 062
- 3.4 列表的取值 ... 064
- 3.5 列表的切片 ... 066
- 3.6 列表元素的更新和添加 ... 069
- 3.7 列表元素的删除 ... 071
- 3.8 列表类型的注意要点 ... 073

第 4 章 字典类型 ... 077

- 4.1 什么是字典类型 ... 078
- 4.2 字典的取值 ... 080
- 4.3 字典的更新和添加 ... 082
- 4.4 字典元素的删除 ... 084

第 5 章　while 语句　　087

5.1　什么是 while 语句　　088
5.2　while 语句的使用　　090
5.3　while+if 语句的使用　　092

第 6 章　for 语句　　095

6.1　什么是 for 语句　　096
6.2　什么是 break 语句　　098
6.3　什么是 continue 语句　　100
6.4　for 语句中的索引表示　　102
6.5　列表嵌套循环　　104
6.6　字典类型的循环　　106

第 7 章　函数与方法　　109

7.1　函数的基础与内置函数　　110
7.2　函数与方法的说明　　114
7.3　字符串类型的方法　　117
7.4　字符串类型的方法（format）　　119
7.5　列表类型的方法（index）　　121
7.6　列表类型的方法（sort）　　123
7.7　定义一个函数　　126
7.8　参数　　128
7.9　多个参数　　130
7.10　参数的默认值　　132
7.11　return　　134
7.12　函数的 import　　137

第 8 章　对象和类　　141

　8.1　对象　　142
　8.2　类（成员和构造方法）　　144
　8.3　类（方法）　　147
　8.4　字符串的格式化　　151

第 2 部分　深度学习篇

第 9 章　NumPy 与数组　　155

　9.1　NumPy 简介　　156
　9.2　NumPy 的 import　　157
　9.3　NumPy 与列表的比较　　158
　9.4　array 的创建　　160
　　9.4.1　关于 array 的创建　　160
　　9.4.2　数组形状的指定方法　　160
　　9.4.3　基于数组范围创建数组的方法　　161
　9.5　元素的访问　　163
　9.6　np.array 的属性　　165
　9.7　slice　　167
　9.8　数组特定元素的访问　　169
　9.9　数组的运算　　171
　9.10　np.array 的形状操作　　173
　9.11　数组的合并　　177
　9.12　数组的分割　　179
　9.13　数组的复制　　180
　9.14　数组的多种运算　　181
　9.15　广播　　186

第 10 章　Pandas 与 DataFrame　　189

　10.1　Pandas 简介　　190

- 10.2　DataFrame 的创建　193
- 10.3　DataFrame 的表示　195
- 10.4　统计量的表示　198
- 10.5　DataFrame 的排序（sort）　199
- 10.6　DataFrame 的筛选　201
- 10.7　特定条件的取值　205
- 10.8　列的添加　206
- 10.9　DataFrame 的运算　207
- 10.10　复杂的运算　211
- 10.11　DataFrame 的合并　213
- 10.12　分组　218
- 10.13　图表的表示　220

第 11 章　单层感知器　225

- 11.1　单层感知器简介　226
  - 11.1.1　什么是单层感知器　226
  - 11.1.2　关于单层感知器的学习　226
- 11.2　单层感知器的实际操作　230
  - 11.2.1　NumPy 和 Keras 的模块导入　230
  - 11.2.2　学习网络定义　230
  - 11.2.3　神经网络的输入和监督信号的设定　231
  - 11.2.4　学习的设置与实行　231
  - 11.2.5　学习权重的确认　233
  - 11.2.6　学习的神经网络的输出确认　234

第 12 章　深度学习入门　235

- 12.1　深度学习简介　236
  - 12.1.1　什么是深度学习　236
  - 12.1.2　多层感知器的学习方法　236
- 12.2　CrossEntropy　239

12.3	softmax	240
12.4	SGD	241
12.5	梯度消失问题	242
12.6	深度学习的应用	244
12.7	利用全连接神经网络进行分类	246
12.8	利用全连接神经网络进行分类（CIFAR10）	249
12.9	卷积层神经网络简介	253
	12.9.1 深度学习中层的种类	253
	12.9.2 什么是卷积层神经网络	253
	12.9.3 卷积层神经网络的计算方法	254
12.10	批量正则化	256
12.11	Global Average Pooling	257
12.12	Keras	267
	12.12.1 什么是 Keras	267
	12.12.2 Keras 的 Sequence 模型与 Model API	267
	12.12.3 Keras 的编程实例	268

第 13 章　迁移学习与 NyanCheck 开发　　271

13.1	迁移学习简介	272
13.2	关于 NyanCheck	273
13.3	NyanCheck 应用程序的构成	274
	13.3.1 样本 NyanCheck 应用程序的构成	274
	13.3.2 HTML 的模板	274
	13.3.3 脚本的应用	276
	13.3.4 服务器端的处理	277
	13.3.5 猫种类识别的操作	281
13.4	数据的收集、整理和分类	284
	13.4.1 猫种类的判别	284
	13.4.2 图像获取的操作	286
13.5	数据的扩充及学习	294
	13.5.1 模块的 import	294
	13.5.2 数据的学习	294

	13.5.3 模型的编译	297
	13.5.4 运行应用程序	302
13.6	关于 Google Cloud Platform	305
13.7	Google Cloud Platform 的设置	306
13.8	Google Cloud SDK 的设置	314
13.9	Anaconda 的设置	318
13.10	启动 NyanCheck	323

第 0 章 开发环境的准备

0.1 节介绍本书中第 1 章~第 12 章使用的开发环境。

0.2 节介绍 Google Colaboratory 的开发环境。

0.3 节介绍第 13 章中使用的开发环境。第 13 章使用的 GCP 环境的构建方法在第 13 章中有详细介绍，请读者参考相应章节。

0.1　Anaconda 的安装

本节将对本书第 1 章～第 12 章使用的开发环境进行介绍。

0.1.1　Anaconda 的安装方法

本书中第 1 章～第 12 章使用的开发环境为 Anaconda。Anaconda 是 Anaconda 公司提供的软件包，提供了执行 Python 代码所需要的环境。

读者可以访问 Anaconda installer archive 的网站，下载本书中使用的软件包（见图 0.1）。

- Anaconda installer archive 的下载网址

  URL　https://repo.continuum.io/archive/

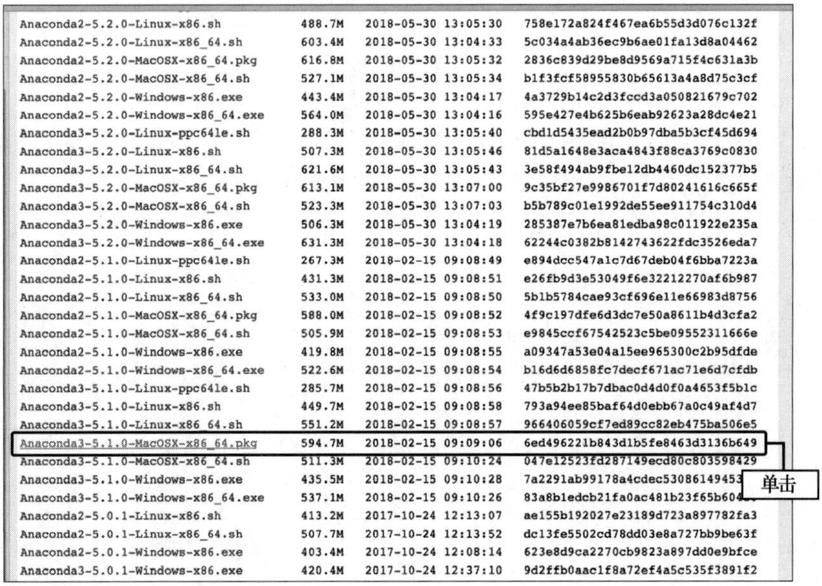

```
Anaconda2-5.2.0-Linux-x86.sh           488.7M  2018-05-30 13:05:30  758e172a824f467ea6b55d3d076c132f
Anaconda2-5.2.0-Linux-x86_64.sh        603.4M  2018-05-30 13:04:33  5c034a4ab36ec9b6ae01fa13d8a04462
Anaconda2-5.2.0-MacOSX-x86_64.pkg      616.8M  2018-05-30 13:05:32  2836c839d29be8d9569a715f4c631a3b
Anaconda2-5.2.0-MacOSX-x86_64.sh       527.1M  2018-05-30 13:05:34  b1f3fcf58955830b65613a4a8d75c3cf
Anaconda2-5.2.0-Windows-x86.exe        443.4M  2018-05-30 13:04:17  4a3729b14c2d3fccd3a050821679c702
Anaconda2-5.2.0-Windows-x86_64.exe     564.0M  2018-05-30 13:04:16  595e427e4b625b6eab92623a28dc4e21
Anaconda3-5.2.0-Linux-ppc64le.sh       288.3M  2018-05-30 13:05:40  cbd1d5435ead2b0b97dba5b3cf45d694
Anaconda3-5.2.0-Linux-x86.sh           507.3M  2018-05-30 13:05:35  81d5a1648e3aca4843f88ca3769c0830
Anaconda3-5.2.0-Linux-x86_64.sh        621.6M  2018-05-30 13:05:43  3e58f494ab9fbe12db4460dc152377b5
Anaconda3-5.2.0-MacOSX-x86_64.pkg      613.1M  2018-05-30 13:07:00  9c35bf27e9986701f7d80241616c665f
Anaconda3-5.2.0-MacOSX-x86_64.sh       523.3M  2018-05-30 13:07:03  b5b789c01e1992de55ee911754c310d4
Anaconda3-5.2.0-Windows-x86.exe        506.3M  2018-05-30 13:04:19  285387e7b6ea81edba98c011922e235a
Anaconda3-5.2.0-Windows-x86_64.exe     631.3M  2018-05-30 13:04:18  62244c0382b8142743622fdc3526eda7
Anaconda2-5.1.0-Linux-ppc64le.sh       267.3M  2018-02-15 09:08:49  e894dcc547a1c7d67deb04f6bba7223a
Anaconda2-5.1.0-Linux-x86.sh           431.3M  2018-02-15 09:08:51  e26fb9d3e53049f6e32212270af6b987
Anaconda2-5.1.0-Linux-x86_64.sh        533.0M  2018-02-15 09:08:50  5b1b5784cae93cf696a11e66983d8756
Anaconda2-5.1.0-MacOSX-x86_64.pkg      588.0M  2018-02-15 09:08:54  4f9c197dfe6d3dc7e50a8611b4d3cfa2
Anaconda2-5.1.0-MacOSX-x86_64.sh       505.9M  2018-02-15 09:08:53  e9845ccf67542523c5be09552311666e
Anaconda2-5.1.0-Windows-x86.exe        419.8M  2018-02-15 09:08:55  a09347a53e04a15ee965300c2b95dfde
Anaconda2-5.1.0-Windows-x86_64.exe     522.6M  2018-02-15 09:08:54  b16d6d6858fc7decf671ac71e6d7cfdb
Anaconda3-5.1.0-Linux-ppc64le.sh       285.7M  2018-02-15 09:08:56  47b5b2b17b7dbac0d4d0f0a4653f5b1c
Anaconda3-5.1.0-Linux-x86.sh           449.7M  2018-02-15 09:08:58  793a94ee85baf64d0ebb67a0c49af4d7
Anaconda3-5.1.0-Linux-x86_64.sh        551.2M  2018-02-15 09:08:57  966406059cf7ed89cc82eb475ba506e5
Anaconda3-5.1.0-MacOSX-x86_64.pkg      594.7M  2018-02-15 09:09:06  6ed496221b843d1b5fe8463d3136b649  ← 单击
Anaconda3-5.1.0-MacOSX-x86_64.sh       511.3M  2018-02-15 09:10:24  047e12523fd287149ecd80c803598429
Anaconda3-5.1.0-Windows-x86.exe        435.5M  2018-02-15 09:10:28  7a2291ab99178a4cdec53086149453
Anaconda3-5.1.0-Windows-x86_64.exe     537.1M  2018-02-15 09:10:26  83a8b1edcb21fa0ac481b23f65b60d
Anaconda2-5.0.1-Linux-x86.sh           413.2M  2017-10-24 12:13:07  ae155b192027e23189d723a897782fa3
Anaconda2-5.0.1-Linux-x86_64.sh        507.7M  2017-10-24 12:13:52  dc13fe5502cd78dd03e8a727bb9be63f
Anaconda2-5.0.1-Windows-x86.exe        403.4M  2017-10-24 12:08:14  623e8d9ca2270cb9823a897d0e9bfce
Anaconda3-5.0.1-Windows-x86.exe        420.4M  2017-10-24 12:37:10  9d2ffb0aac1f8a72ef4a5c535f3891f2
```

图 0.1　Anaconda installer archive 的下载网址

下载完成后，双击安装程序（这里安装的是"Anaconda3-5.1.0-MacOSX-x86_64.pkg"），如图 0.2 所示。

当屏幕出现"此软件包将运行一个程序来确定是否可以安装该软件"时，单击"继续"按钮（此页面省略）。接下来，单击"欢迎使用 Anaconda3 安装程序"中的"继续"按钮（见图 0.3）。

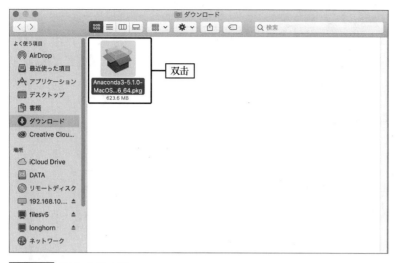

图 0.2 双击安装向导

图 0.3 单击"继续"

"重要信息"页面中可查看许可证内容（见图 0.4 ①），单击"继续"按钮（见图 0.4 ②）。在"使用许可协议"界面中，单击"继续"（此页面省略）。在"安装此软件…"页面下，单击"接受"（见图 0.4 ③）。

如果要在"标准安装（macOS 的名称）"中指定安装位置，单击"更改安装位置…"（见图 0.5）。

在"选择安装位置"中，指定安装位置（见图 0.6 ①），然后单击"继续"（见图 0.6 ②）。

单击"安装"如图 0.7 所示。

此时将出现"安装 Anaconda3"的页面并开始安装，如图 0.8 所示。

安装完成后，将看到"Microsoft Visual Studio Code"页面，由于本书不使用 Visual Studio，直接单击"继续"（见图 0.9 ①）。

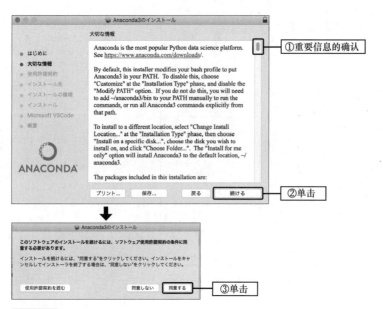

图 0.4 确认许可证内容

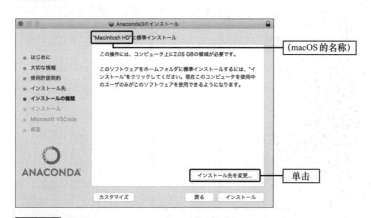

图 0.5 安装种类

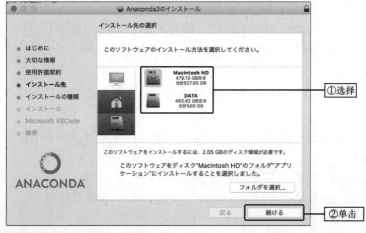

图 0.6 安装位置的选择

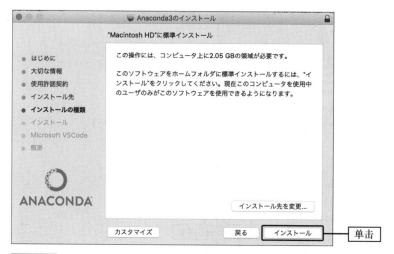

图 0.7 单击"安装"

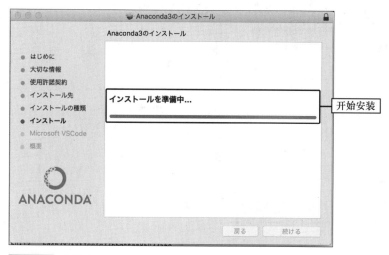

图 0.8 安装中

出现"安装已完成"页面表示安装已完成（见图 0.9 ②）。单击"关闭"以关闭向导（见图 0.9 ③）。最后，系统将询问您是否将安装包放入回收站。单击"放入回收站"删除安装包。

> 📝 **备忘 1**
>
> ### Anaconda 的版本
>
> 在撰写本书时，我们使用的是 Anaconda3-5.1.0-MacOSX-x86_64.pkg。Anaconda 的最新版本支持 Python 3.7。读者可以从以下网站下载。
>
> - **Anaconda 的下载网址：**
>   URL https://www.anaconda.com/download

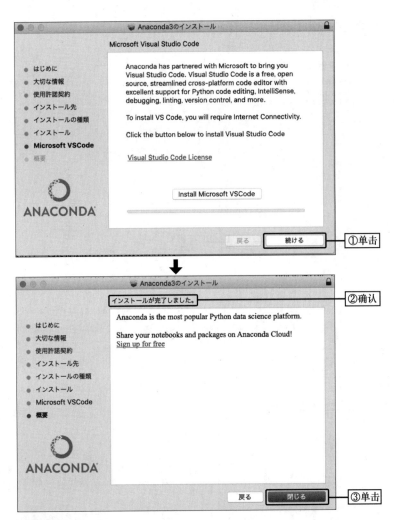

图 0.9 安装完成

0.1.2 虚拟环境的搭建

安装好 Anaconda 后，接下来需要搭建一个虚拟环境。

打开导航到安装目录并双击"Anaconda-Navigator"，如图 0.10 所示。启动后出现"Thanks for Installing Anaconda"页面，单击"Ok and don't show again"（此页面省略）。

启动 Anaconda Navigator 之后，依次单击"Environments""Create"，如图 0.11 所示。

激活"Create"对话框，"Name"项为虚拟环境的名称（见图 0.12 ①），在 Packages 中选中"Python"，选择"3.6"（见图 0.12 ②），单击"创建"（见图 0.12 ③）。

创建虚拟环境如图 0.13 所示。

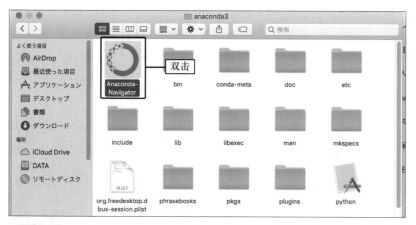

图 0.10 启动 Anaconda Navigator

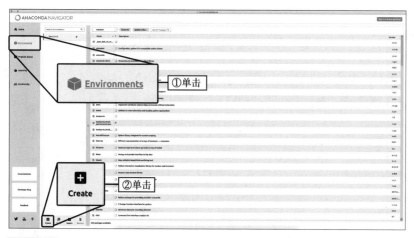

图 0.11 依次单击"Environments""Create"

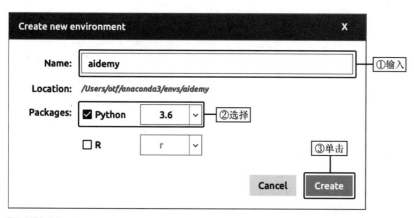

图 0.12 Create new environment

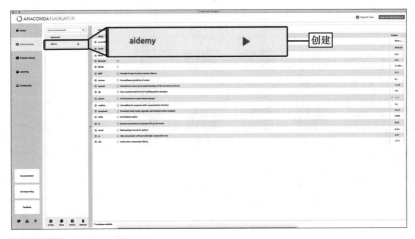

图 0.13 创建的虚拟环境

0.1.3 库的安装

安装虚拟环境所需的库。安装是在 Anaconda Navigator 附带的命令提示符下完成的。

在创建的虚拟环境右侧单击"▶"（见图 0.14 ①），然后选择"Open Terminal"（见图 0.14 ②）。

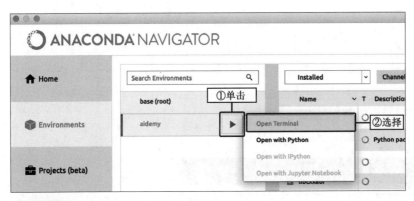

图 0.14 选择"Open Terminal"

由于本书是使用 scikit-learn 和 TensorFlow 等框架来解释的，因此使用 pip 或 conda 命令来安装各种库。

```
$ conda install jupyter==1.0.0
$ conda install matplotlib==2.2.2
$ pip install scikit-learn==0.19.1
$ pip install tensorflow==1.5.0
$ pip install keras==2.2.0
```

所需的其他库见表 0.1，请使用 conda 命令进行安装。

表 0.1 库名和版本名

库　　名	版　本　名
opencv	3.4.2
pandas	0.22.0
pandas_datareader	0.7.0
pydot	1.2.4
requests	2.19.1

```
$ conda install <库名>==<版本名>
```

0.1.4　Jupyter 的启动和安装

启动 Jupyter Notebook。单击创建的虚拟环境右侧的"▶"（见图 0.15 ①），然后选择"Open with Jupyter Notebook"（见图 0.15 ②）。

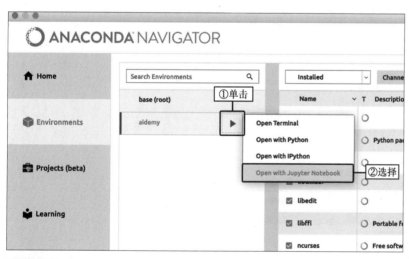

图 0.15　选择"Open with Jupyter Notebook"

浏览器会自行启动。单击右侧的"New"按钮（见图 0.16 ①），然后选择"Python3"（见图 0.16 ②）。

○ 输入代码

在光标闪烁处键入 print("Hello world")（见图 0.17 ①），同时按下键盘上的"Shift"和"Return"键完成运行（见图 0.17 ②）。

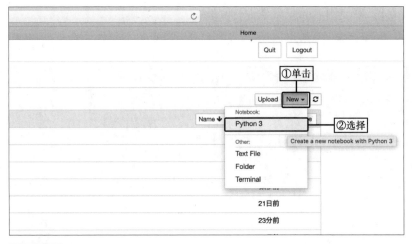

图 0.16 选择"Python 3"

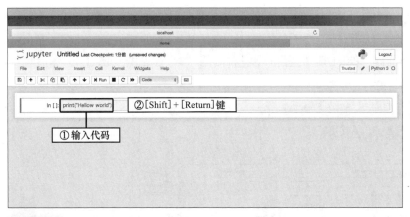

图 0.17 在单元格中输入代码并运行

运行结果如图 0.18 所示。

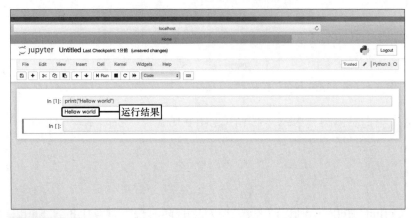

图 0.18 运行结果

◉ 输入文本

依次从菜单栏中选择"Cell""Cell Type""Markdown",如图 0.19 所示。

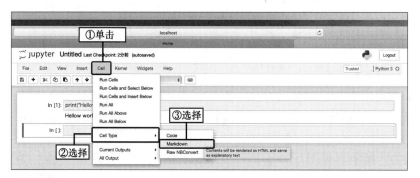

图 0.19 选择"Markdown"

输入 # Aidemy(见图 0.20 ①),然后同时按"Shift"和"Return"键(见图 0.20 ②)。# 是用于输入 Markdown 文本的标记,可以更改字体大小,如 #(一级标题)、##(二级标题)和 ###(三级标题)。

图 0.20 输入文本

输入结果如图 0.21 所示。单元格类型有代码和文本,如有必要,请在图 0.19 中选择并更改。如果选择"Code",则该单元格为"Code"单元格;如果选择"Markdown",则该单元格为文本单元格。

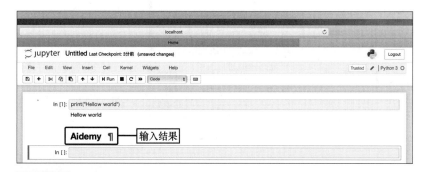

图 0.21 输入结果

0.2 Google Colaboratory 的使用

在本书第 12 章运行深度学习脚本时，根据机器特性的不同，有时可能会花费较长的时间。在这种情况下，Google 公司提供的 Google Colaboratory 可以相对更快地进行处理。

可单击 URL：https://colab.research.google.com/notebooks/welcome.ipynb?hl=ja 访问 Google 公司提供的 Google Colaboratory。从菜单中选择 "文件"（见图 0.22 ①）→ "新建笔记本（见图 0.22 ②）"，创建笔记（见图 0.22 ③）。

接下来选择 "代码执行程序"（见图 0.23 ①）→ "更改运行时类型"（见图 0.23 ②）。在 "笔记本配置" 中，运行时类型保留为 "Python 3"（见图 0.23 ③），而在 "硬件加速器" 中，选择 "GPU"（见图 0.23 ④），最后单击 "保存"（见图 0.23 ⑤）。现在，我们可以利用一个名为图形处理器（Graphics Processing Unit，GPU）的深度处理机器环境。在这里输入代码时与上文介绍的 Jupyter Notebook 形式相同，因此可以毫无违和地使用。必要的库参见图 0.16，可以在 pip 命令前加 "!" 进行安装。

```
!pip install <库>== 版本名
```

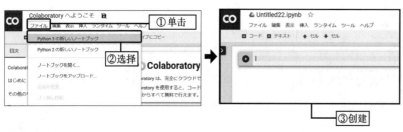

图 0.22 创建笔记本

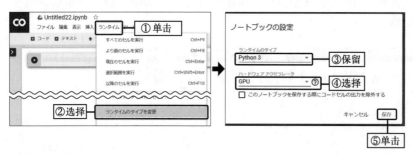

图 0.23 设置笔记本

0.3 macOS 中虚拟环境的搭建

> 本节将介绍本书第 13 章中使用的开发环境。具体来说，我们将解释如何通过从 macOS 终端安装 Python 来构建虚拟环境。

在第 13 章中，将在 macOS 上运行应用程序，因此需要在 macOS 上安装 Python 并创建一个虚拟环境。

启动 macOS 终端并使用以下命令安装 Homebrew。

[终端]

```
$ /usr/bin/ruby -e "$(curl -fsSL https://raw.githubusercontent.com/Homebrew/install/master/install)"
```

安装 Homebrew 后，使用以下命令安装 Python3。

[终端]

```
$ brew install python3
```

然后，创建一个虚拟环境，就像 Jupyter Notebook 一样。

首先，使用 mkdir 命令创建一个名为"book"的工作文件夹，然后使用 cd 命令将其移动到该文件夹。

[终端]

```
$ mkdir book
$ cd book
```

使用以下命令创建名为"Aidemy"的虚拟环境。

[终端]

```
$ python3 -m venv Aidemy
```

（虚拟环境名）

使用以下命令激活名为"Aidemy"的虚拟环境。

[终端]

```
$ source Aidemy/bin/activate
```

如果终端显示如下，表示激活成功。

[终端]

```
(Aidemy) $
```

然后使用以下 pip 命令安装所需的库。

[终端]

```
(Aidemy) $ pip install flask==1.0.3
(Aidemy) $ pip install flickrapi==2.4.0
(Aidemy) $ pip install jupyter==1.0.0
(Aidemy) $ pip install matplotlib==2.2.2
(Aidemy) $ pip install scikit-learn==0.19.1
(Aidemy) $ pip install tensorflow==1.5.0
(Aidemy) $ pip install keras==2.2.0
(Aidemy) $ pip install numpy==1.16.2
(Aidemy) $ pip install opencv-python==4.1.0.25
(Aidemy) $ pip install retry==0.9.2
(Aidemy) $ pip install pandas_datareader==0.7.0
(Aidemy) $ pip install pandas==0.22.0
(Aidemy) $ pip install pillow==6.0.0
(Aidemy) $ pip install pydot==1.2.4
(Aidemy) $ pip install requests==2.19.1
```

在第 13 章中，同样要在 GCP 上安装上述 pip 命令所需的库。如需详细了解如何构建 GCP 环境，请参阅第 13 章。

第 1 部分
Python 入门篇

第 1 部分将介绍 Python 的基础知识，这是本书中深度学习所必需的内容。我们建议已经掌握了 Python 的读者朋友，以复习为目的阅读这部分内容。

- 第1章　运算、变量和类型
- 第2章　if 条件语句
- 第3章　列表类型
- 第4章　字典类型
- 第5章　while 语句
- 第6章　for 语句
- 第7章　函数与方法
- 第8章　对象和类

第1章 运算、变量和类型

本章将介绍 Python 基本代码的输入方法、简单计算、数据类型和比较运算符。

1.1 输出 Hello world

> 首先我们来介绍 Python。

1.1.1 关于 Python

Python 是脚本型程序语言的一种，常用于机器学习和数据分析中，它有以下特征：

- 语法简单。
- 代码缩进。
- 模块丰富。

Python 本身可以用非常简单的语法描述，它的另一个特点是可以用缩进来表示块。此外，Python 还有非常丰富的模块。

1.1.2 使用 Python 输出 Hello world

首先，让我们来运行 Python 程序。该程序将展示如何输出 Hello world。

在 Python 中可以用 print() 函数来输出字符串等。如果输出的是字符串，需要用双引号或单引号把字符括起来。使用时，如以双引号开始则以双引号结束，以单引号开始则以单引号结束，不管是双引号还是单引号均需要统一使用。

在编写程序时，必须全部使用半角英文字母和数字书写。空格、数字和符号也必须是半角字符。除此之外，引号括起来的字符串部分可以用全角书写。

现在，我们来运行这个代码。写下代码 print("Hello world")，应该输出 Hello world。运行情况见清单 1.1。

清单 1.1 Hello world

In

```
# 输出「Hello world」
print("Hello world")
```

Out

```
Hello world
```

1.2 Python 的用途

本节将讲述 Python 的用途。

Python 应用的多种情形

Python 是一种多用途的编程语言。Python 易写易读的设计，使其成为非常受欢迎的程序语言之一。

Python 也可以用于 Web 应用的开发，比如著名的、基于 Python 的 Web 应用的框架有 Django、Flask 等。Python 也是有名的科学技术和数据分析语言。虽然适用于这种数据分析的语言还有 R 和 MATLAB 等，但是在人工智能和机器学习领域，Python 是最常用的语言。实际上我们参考 AI 工程师的招聘标准，大多数情况下都要求具有 Python 的使用经验。

在 Python 所有的开发环境中，PyCharm 和 VScode 很著名。而在文本编辑器中，Atom 和 Sublime Text 是比较受欢迎的。此外，Jupyter Notebook 也经常使用。当启动 Jupyter Notebook 时，由于其将数据保存在内存中，可以记录数据处理的日志，因此 Jupyter Notebook 经常用于数据的预处理。

问题

请回答下面的问题：

选择 Python 的 Web 应用制作框架。
1. Django   2. PyCharm   3. Jupyter Notebook   4. Atom

解答示例

1. Django

1.3 注释的输入

本节将讲述注释功能及输入。

注释功能

当我们实际编写一个程序时，有时想要把代码的目的、内容摘要保留在备忘录中。在这种情况下就需要用到对程序没有影响的注释功能。

在 Python 中，只需要将 # 放在想要保留的句子前面就可以保留注释。

在团队合作开发时，可以通过注释记录代码的意图，从而确保开发工作顺利进行。

问题

请回答以下问题。

请在 print(5+2) 和 print(3+8) 上添加注释"# 输出 5+2 的结果"和"# 输出 3+8 的结果"（见清单 1.2）。

清单 1.2 添加注释前的代码

In
```
print(5 + 2)

print(3 + 8)
```

一起来解答这个问题吧。

如果按照清单 1.3 添加注释执行代码，理论上会忽略注释中书写的部分。代码如预期的那样输出 7、11，可知除了注释行之外每行代码都正常运行。

清单 1.3 添加注释的代码

In
```
# 显示 5 + 2 的结果
print(5 + 2)

# 显示 3 + 8 的结果
print(3 + 8)
```

Out
```
7
11
```

1.4 数字和字符串

本节将讲述数字和字符串的输出。

数字的输出

我们在 1.1 节输出了字符串，1.3 节同样地输出了数字。

对于数字，不需要用双引号或者单引号括起来。另外，在 print 的括号中代入算式，则会输出计算结果。

让我们来看一个例子。在清单 1.4 中，输入 print(3+6)，则输出计算结果 9。而在清单 1.5 中，输入 print("8-3") 的话，就会被当作字符串处理，输出 8-3。用双引号括起来的作为 str 型、字符串型输出，没有被括起来的则作为 int 型、整数型输出。关于变量类型的内容将在 1.9 节详细介绍。

清单 1.4 计算结果的输出

In
```
print(3 + 6)
```

Out
```
9
```

清单 1.5 算式的输出

In
```
print("8 - 3")
```

Out
```
8 - 3
```

问题

请回答下面的问题（见清单 1.6）。

- 输出数字 18。
- 计算数字 2+6，并输出计算结果。
- 输出字符串 2+6。
- 使用 print() 函数输出上述内容。

清单 1.6 问题

In

```
# 输出数字 18


# 计算数字 2 + 6，并输出计算结果


# 输出字符串 2 + 6
```

解答示例

一起来解答这个问题吧。

首先，输出数字 18。键入代码 print(18)。

然后，输出数字 2 与 6 相加的结果。键入 print(2+6)。

最后，输出字符串 2+6。键入代码 print("2+6")。

运行代码，得到 18、8、2+6 的输出结果（见清单 1.7）。

清单 1.7 解答示例

In

```python
# 输出数字 18
print(18)

# 计算数字 2 + 6，并输出计算结果
print(2 + 6)

# 输出字符串 2 + 6
print("2 + 6")
```

Out

```
18
8
2 + 6
```

1.5 运算

本节将讲述运算的相关内容。

四则运算、幂的计算及取余数运算

Python 支持基本的运算。

不仅限于四则运算,幂的计算或除法取余数运算也可以进行。+(加号)或 -(减号)等符号,叫作数学运算符。

各种数学运算符如下所示:

- 加法 +(加号)。
- 减法 -(减号)。
- 乘法 *(一个星)。
- 除法 /(斜线)。
- 余数 %(百分号)。
- 幂 **(两个星)。

问题

请回答下面的问题(见清单 1.8)。

- 输出 3 + 5 的结果。
- 输出 3 - 5 的结果。
- 输出 3 × 5 的结果。
- 输出 3 ÷ 5 的结果。
- 输出 3 除以 5 的余数。
- 输出 3 的 5 次方的结果。
- 使用 print() 函数输出所有内容。

清单 1.8 问题

In

```
# 3 + 5


# 3 - 5
```

```
# 3 × 5

# 3 ÷ 5

# 3 除以 5 的余数

# 3 的 5 次方
```

解答示例

一起来解答这个问题吧。

- 3 + 5、3 - 5 分别使用 +（加号）、-（减号）。
- 像 3×5 的乘法运算使用 *（星号）。
- 3÷5 则使用 /（斜线）。
- 3 除以 5 的余数用 %（百分号）表示。
- 3 的 5 次方用 **（两个星号）。

运行清单 1.9，就能分别输出正确的计算结果 8、-2、15、0.6、3、243。

清单 1.9 解答示例

In

```
# 3 + 5
print(3 + 5)

# 3 - 5
print(3 - 5)

# 3 × 5
print(3 * 5)

# 3 ÷ 5
print(3 / 5)

# 3 除以 5 的余数
print(3 % 5)

# 3 的 5 次方
print(3 ** 5)
```

Out
```
8
-2
15
0.6
3
243
```

1.6 变量

本节将讲述变量的相关内容。

1.6.1 变量的定义

有时我们会在程序中多次使用相同的值。在这种情况下,逐个改变代码中所有的数字非常耗时。因此,通过对值进行命名,使得通过名字便可以处理的量称为**变量**。

变量通过**变量"="(等号)值**来定义(见清单1.10)。在数学概念中,"="是"等于"的意思,而在程序语言中,意思则是"将右边的值赋予左边"。命名时请确保变量名正确。

例如,如果将字符串"太郎"赋予变量 n,在后续自己修改代码时,或者与他人合作创建服务时,可能会造成困扰。

如果想要输出变量的值,即便变量包含字符串,也无需使用""(双引号)或''(单引号)。

清单 1.10 变量输入示例

In

```
dog = "狗"
print(dog)
```

Out

```
狗
```

1.6.2 变量的命名规则

变量的命名有几条规则。Python 必须满足以下条件:

- 可以在变量名中使用以下三种文字:
  - 大小写英文字母。
  - 数字。
  - _(下划线)。
- 变量名不能以数字开头。
- 不能使用 Python 保留字、关键字、if 或 for 等。
- 为了避免被覆盖,不要使用预定义的函数名,如 print 或 list 等。

在上述内容中，使用保留字、关键字或函数名等不会立即提示出错，但在后面对相同名字的变量进行处理时会出现错误。

例如，把 Hello 赋予变量 print，则调用 print（）函数时，就会出现" TypeError:'str' object is not callable"的错误提示（见清单 1.11）。

如果不小心使用了这些单词作为变量名，可以通过下面的语法删除变量。

语法 1.1

```
del 变量名
```

清单 1.11 错误示例

In
```python
# 使用 print 作为变量名，调用 print() 函数
print = "Hello"
print(print)
del print
```

Out
```
---------------------------------------------------------
TypeError                    Traceback (most recent call last)
<ipython-input-6-005242e3ea90> in <module>()
     1 # 使用 print 作为变量名，调用 print() 函数
     2 print = "Hello"
----> 3 print(print)
     4 del print


TypeError: 'str' object is not callable
```

问题

请回答下面的问题（见清单 1.12）。

- 把"猫"赋值给变量 n。
- 使用 print() 函数输出变量 n。
- 使用 print() 函数输出字符串 n。
- 把算式 3+7 的计算结果赋值给变量 n。
- 使用 print() 函数输出变量 n。

清单 1.12 问题

In

```
# 把"猫"赋值给变量 n


# 使用 print() 函数输出变量 n


# 使用 print() 函数输出字符串 n


# 把算式 3 + 7 的计算结果赋值给变量 n


# 使用 print() 函数输出变量 n
```

解答示例

一起来解答这个问题吧。

首先,把"猫"赋值给 n。猫属于字符串,需要使用"(双引号)括起来赋值。

然后输出变量 n。

输出字符串 n。为了能够输出变量 n 本身,使用"(双引号)将其表示为 "n"。

用 n=3+7 将 3+7 的计算结果赋值给变量 n。此时输出变量 n 不需要用"(双引号),表示为 n 即可。

如此运行代码,变量 n 的内容将分别为猫、n 本身、3+7 的结果 10(见清单 1.13)。

清单 1.13 解答示例

In

```
# 把"猫"赋值给变量 n
n = "猫"

# 使用 print() 函数输出变量 n
print(n)

# 使用 print() 函数输出字符串 n
print("n")

# 把算式 3 + 7 的计算结果赋值给变量 n
n = 3 + 7
```

```python
# 使用print()函数输出变量n
print(n)
```

Out
```
猫
n
10
```

1.7 变量的更新

本节将讲述变量的更新。

变量和值

代码基本上都是从上到下读取的,因此,给变量赋予一个新值,变量就会被新值覆盖。清单 1.14 就是变量更新的例子。

清单 1.14 变量和值的示例①

In
```
x = 1
print(x) # 输出 1

x = x + 1
print(x) # 输出 2
```

Out
```
1
2
```

在清单 1.14 中,将 1 赋给 x,即 x=1,则 print(x) 输出 1。然后将 x+1 赋给 x,计算 x=1+1,即 x 为 2,此时 print(x) 输出的结果为 2。

此外,还可将 x=x+1 简便地记作 x+=1(见清单 1.15)。

清单 1.15 变量和值的示例②

In
```
x = 1
print(x) # 输出 1

x += 1
print(x) # 输出 2
```

Out
```
1
2
```

同样地，x=x-1（见清单 1.16）可以记作 x-=1（见清单 1.17），x=x*2（见清单 1.18）可以记作 x*=2（见清单 1.19），x=x/2（见清单 1.20）也可以记作 x/=2（见清单 1.21）。

清单 1.16 变量和值的示例③

In

```
x = 1
print(x) # 输出 1

x = x - 1
print(x) # 输出 0
```

Out

```
1
0
```

清单 1.17 变量和值的示例④

In

```
x = 1
print(x) # 输出 1

x -= 1
print(x) # 输出 0
```

Out

```
1
0
```

清单 1.18 变量和值的示例⑤

In

```
x = 1
print(x) # 输出 1

x = x * 2
print(x) # 输出 2
```

Out

```
1
2
```

清单 1.19 变量和值的示例⑥

In
```
x = 1
print(x) # 输出 1

x *= 2
print(x) # 输出 2
```

Out
```
1
2
```

清单 1.20 变量和值的示例⑦

In
```
x = 1
print(x) # 输出 1

x = x / 2
print(x) # 输出 0.5
```

Out
```
1
0.5
```

清单 1.21 变量和值的示例⑧

In
```
x = 1
print(x) # 输出 1

x /= 2
print(x) # 输出 0.5
```

Out
```
1
0.5
```

如果将 5 赋给变量 x，即 x=5，然后通过赋值 x*=2，计算 x=x*2，此时 print(x) 将输出 5*2 的计算结果（见清单 1.22）。

清单 1.22 变量和值的示例⑨

In
```
x = 5
print(x) # 输出 5

x *= 2
print(x) # 输出 10
```

Out
```
5
10
```

问题

请回答下面的问题（见清单 1.23）。

- 将"猫"赋值给变量 m，并使用 print() 函数输出变量 m。
- 用"狗"覆盖变量 m，并使用 print() 函数输出变量 m。
- 将 14 赋给变量 n，并使用 print() 函数输出变量 n。
- 将变量 n 乘以 5 的结果覆盖变量 n，并使用 print() 函数输出变量 n。

清单 1.23 问题

In
```
# 将"猫"赋值给变量 m，并使用 print() 函数输出变量 m



# 用"狗"覆盖变量 m，并使用 print() 函数输出变量 m



# 将 14 赋给变量 n，并使用 print() 函数输出变量 n



# 将变量 n 乘以 5 的结果覆盖变量 n，并使用 print() 函数输出变量 n
```

解答示例

一起来解答这个问题吧。

将"猫"赋值给变量 m，即 m="猫"，此时执行 print(m)，应该输出猫。

如果要用"狗"覆盖变量 m 的话，先是 m= 狗，接着输出 print(m)。

将 14 赋值给 n，即 n=14，print(n) 应输出 14。

如果要将变量 n 乘以 5 来覆盖 n，则可以设置 n*=5，再使用 print(n) 输出。

运行代码后，变量的内容被替换，猫变成了狗，14 变成了 14*5 的结果 70（见清单 1.24）。

清单 1.24 解答示例

In

```
# 将"猫"赋值给变量 m，并使用 print() 函数输出变量 m
m = "猫"
print(m)

# 用"狗"覆盖变量 m，并使用 print() 函数输出变量 m
m = "狗"
print(m)

# 将 14 赋给变量 n，并使用 print() 函数输出变量 n
n = 14
print(n)

# 将变量 n 乘以 5 的结果覆盖变量 n，并使用 print() 函数输出变量 n
n *= 5
print(n)
```

Out

```
猫
狗
14
70
```

1.8 字符串的拼接

本节将讲述字符串的拼接方法。

关于字符串的拼接

运算符 +（加号）不仅可以用作数值的计算，也可以用于字符串的拼接。利用它可以把变量与字符串或变量自身拼接起来。

变量与字符串的拼接见清单 1.25。请注意此时输出变量不需要使用 "（双引号）或 '（单引号）。

把"太郎"赋值给变量 m，m=" 太郎 "，运行 print(" 我的名字叫 "+m)，就可以得到输出"我的名字叫太郎"。

清单 1.25 字符串的示例

In

```
m = " 太郎 "
print(" 我的名字叫 " + m)
```

Out

```
我的名字叫太郎
```

问题

请回答下面的问题（见清单 1.26）。

- 把"东京"赋值给变量 p。
- 使用变量 p，print() 函数输出"我来自东京"。

清单 1.26 问题

In

```
# 把"东京"赋值给变量 p


# 使用变量 p，print() 函数输出"我来自东京"
```

解答示例

一起来解答这个问题吧。

首先，将"东京"赋给变量 p，使用变量 p 输出"我来自东京"。接着，输出"我来自"，用 + 连接包含东京的变量 p。

运行代码可以看到，字符串连接在了一起，输出为"我来自东京"（见清单 1.27）。

清单 1.27 解答示例

In

```
# 把"东京"赋值给变量 p
p = "东京"

# 使用变量 p, print() 函数输出"我来自东京"
print("我来自" + p)
```

Out

```
我来自东京
```

1.9 类型

本节将讲述类型的概念。

关于类型

Python 的数据具有"类型"的概念。

数据类型包括字符串型（str 型）、整数型（int 型）、小数型（float 型）、列表型（list 型）等。

前面的内容中，我们已经接触到字符串类型和整数类型，但是把前面章节中讲过的知识用于不同类型的连接，则可能发生错误。

例如，尝试运行清单 1.28 的代码，期待输出"身高为 177cm"，而实际上却发生了错误。

清单 1.28 错误示例

In

```
height = 177
print("身高为" + height + "cm")
```

Out

```
---------------------------------------------------------
TypeError                    Traceback (most recent call last)
<ipython-input-6-2a5a026d7015> in <module>
      1 height = 177
----> 2 print("身高" + height + "cm")

TypeError: must be str, not int
```

给 height 赋值为整数型 177，写下 print(" 身高为 "+height+"cm")。可以看到，执行此操作，输出了"TypeError: must be str, not int"这样的错误提示。

这类错误的处理方法将在 1.10 节详细介绍，这里先来看一下如何确定变量的类型。

我们可以使用 type() 来确认 () 内变量的类型。

例如清单 1.29，输入 type(height) 来确认 height=177 的类型，可以得到该变量为 int 型。需要注意的是，type() 的 () 中只能包含一个变量。

清单 1.29 处理错误示例

In
```
height = 177
type(height)  # 得知变量 height 的类型
```

Out
```
int
```

问题

请回答下面的问题（见清单 1.30）。

- 输出变量 h、w 的类型。
- 把计算结果赋给变量 bmi。
  （bmi=w/h^2，其中 h 为身高，w 为体重，身高的单位为 m）
- 输出变量 bmi 的值。
- 输出变量 bmi 的类型。
- 使用 print() 函数输出上述内容。

清单 1.30 问题

In
```
h = 1.7
w = 60

# 输出变量 h、w 的类型


# 把计算结果赋给变量 bmi


# 输出变量 bmi 的值


# 输出变量 bmi 的类型
```

解答示例

一起来解答这个问题吧。

首先，输出变量 h、w 的类型。print(type(h)) 可以输出变量 h 的类型，同样，print(type(w)) 输出变量 w 的类型。

然后进行 bmi 的计算，bmi 为 w/h²，并输出变量 bmi。

最后使用 print(type(bmi)) 输出 bmi 的类型。

通过清单 1.31 的运行结果可知，h 为 float 型、w 为 int 型，bmi 的值为 20.761245674740486，类型为 float 型。

清单 1.31 解答示例

In

```python
h = 1.7
w = 60

# 输出变量 h、w 的类型
print(type(h))
print(type(w))

# 把计算结果赋给变量 bmi
bmi = w / h**2

# 输出变量 bmi 的值
print(bmi)

# 输出变量 bmi 的类型
print(type(bmi))
```

Out

```
<class 'float'>
<class 'int'>
20.761245674740486
<class 'float'>
```

1.10 类型的转换

本节将讲述类型转换的相关知识。

关于类型的转换

如前所述,Python 存在各种数据类型,不同的数据类型之间进行计算和连接,需要进行**转换**。

整数型使用 int()、含有小数点的数值类型使用 float()、字符串型则使用 str()。**包含小数的数值称为浮点型,即 float 型**。

> **备忘 1**
>
> **浮点型**
>
> 浮点型的浮动是由符号、指数、尾数来表示小数点的一种计算机特有的数值表示方法。在软件编程实践中,包含小数点的数值大部分都是 float 型。

对于清单 1.28 中出现错误的代码,如果按清单 1.32 来修改,就可以输出"身高是 177cm"。

清单 1.32 类型转换示例①

In
```
height = 177
print("身高是" + str(height) + "cm")
```

Out

身高是 177cm

输入 height=177 之后,通过将数值型转换为字符串型,就可以与"cm"拼接,从而得到正确的输出。

此外,浮点型和整数型虽然严格来说是不同的类型,但是因为是处理相同数据的类型,所以**即便不做类型的转换,浮点型和整数型数据也可以混合计算**(见清单 1.33)。

清单 1.33 类型转换示例②

In
```
a = 35.4
b = 18
```

```
print(a + b)
```

Out
```
53.4
```

输入 float 型数值 a=35.4 和整数型数值 b=18，直接计算 a+b 可以得到输出结果。

问题

请回答下面的问题（见清单 1.34）。

修改下列代码，使其能够正确输出 print(" 你的 bmi 为 "+bmi)。

清单 1.34 问题

In
```python
h = 1.7
m = 60
bmi = m / h ** 2

# 输出"你的 bmi 为 ___"
print("你的 bmi 为 " + bmi)
```

Out
```
---------------------------------------------------------
TypeError                 Traceback (most recent call last)
<ipython-input-17-ddeeb32e6496> in <module>
      4
      5 # 输出"你的 bmi 为 ___"
----> 6 print("你的 bmi 为 " + bmi)

TypeError: must be str, not float
```

解答示例

一起来解答这个问题吧。

如果按照清单 1.34 运行，就会出现"TypeError:must be str, not float"的错误提示。错误出现在第 6 行的 print 处。

为了避免错误出现，需要把第 6 行 float 型的 bmi 转换为字符串型。试着运行清单 1.35，修改后的代码正确地输出了"你的 bmi 为 20.761245674740486"。

清单 1.35 解答示例

In

```
h = 1.7
m = 60
bmi = m / h ** 2

# 请输出"你的 bmi 为 ___"
print("你的 bmi 为 " + str(bmi))
```

Out

```
你的 bmi 为 20.761245674740486
```

问题

为了确认概念的理解掌握程度,请回答下面的问题。

选择清单 1.36 中的输出结果与类型。
1. int 型 50　2. int 型 101010　3. str 型 50　4. str 型 101010

清单 1.36 问题

In

```
n = "10"
print(n*3)
```

解答示例

一起来解答这个问题吧。

数据 n="10" 是以字符串类型保存的,当执行 print(n*3) 时,由于 n 是字符串型,n*3 应该是 n 的内容并排显示 3 次。

数据类型应为字符串型,因此,选项 4 的 str 型 101010 为正确答案(见清单 1.37)。

清单 1.37 参考答案

In

```
n = "10"
print(n*3)
```

Out

```
101010
```

4. str 型 101010

1.11 比较运算符的转换

本节将讲述比较运算符的转换。

关于比较运算符的转换

比较运算符是表示两个数值关系的运算符。右边与左边相等时使用符号 ==，不相等时使用符号 !=，不等号 >、<、>=、<=。

请注意，= 不属于比较运算符。因为在**编程的世界中** = 是表示赋值的符号。

现在，我们来介绍一种新的类型——**bool 型**。bool 型只有 True 和 False 两个值。如果将其转换为 int 型，则 True 为 1、False 为 0。此外，使用比较运算符的式子成立为 True、不成立为 False。

例如清单 1.38 的输出结果，因为 1+1 为 2，2 与 3 不相等，所以为 False。

清单 1.38 比较运算符转换示例

In
```
print(1 + 1 == 3)
```

Out
```
False
```

问题

请回答下面的问题（见清单 1.39）。

- 使用 != 组成一个 4+6 与 −10 的关系式，并输出 True。
- 使用 print() 输出结果。

清单 1.39 问题

In
```
# 使用 != 组成一个 4 + 6 与 −10 的关系式，并输出 True
```

解答示例

一起来解答这个问题吧。

首先，记录下 4+6，组合其与 -10 之间 != 的关系式。

这样看来，4+6 为 10，而不是 -10，因此用 != 表示的关系表达式为 True。清单 1.39 的输出结果也与预期一样输出为 True（见清单 1.40）。

清单 1.40 解答示例

In
```
# 使用 != 组成一个 4 + 6 与 -10 的关系式，并输出 True
print(4 + 6 != -10)
```

Out
```
True
```

第 2 章 if 条件语句

本章将介绍 if 语句。

2.1 if 语句

本节先来讨论 if 语句。

◯ if 语句的结构

if 语句由 if 条件式:... 构成。使用 if 语句可以实现"如果条件式成立,则 ..."这样的条件分支。

语法 2.1

```
if 条件式: ...
```

条件式是指使用了 1.11 节中学过的比较运算符的式子,只有当条件式成立时,即条件式为 True 时,才能执行后面的操作。

!注意

条件式的结尾

条件式必须以":"(冒号)结尾。在熟练使用 Python 之前,注意不要忘记":"(冒号)。

此外,我们**必须使用缩进来表示条件成立时执行处理的范围**。像这样,通过缩进来表示条件式成立时的处理范围是 Python 独特的特征。**缩进的部分是 if 语句的内容,只有在 Ture 时执行**。

Python 的编码标准 PEP8(URL https://pep8-ja.readthedocs.io/ja/latest/#id4)要求必须缩进 4 个空格,以保证代码的可读性。因此我们一般在缩进时输入 **4 个半角空格**。Jupyter Notebook 或 Aidemy(URL https://aidemy.net/)的 Web 程序应用中,输入":"(冒号)换行后会自动缩进 4 个半角空格。

◯ Python 的条件式

Python 的条件式见清单 2.1。
只有在变量 number 的值为 2 时,才会执行 if number==2: 的块。

清单 2.1 if 语句示例①

In
```
number = 2
if number == 2:
    print("很遗憾！你是第" + str(number) + "个到达的人")
```

Out

很遗憾！你是第 2 个到达的人

接着，当我们输入 animal="cat" 时，代码为 if animal=="cat", print("猫真可爱啊")，因为 animal 是 cat，所以执行 if 语句（见清单 2.2）。

清单 2.2 if 语句示例②

In
```
animal = "cat"
if animal == "cat":
    print("猫真可爱啊")
```

Out

猫真可爱啊

问题

请回答下面的问题（见清单 2.3）。

- 使用 if 语句，在变量 n 比 15 大的情况下输出"大数字"。
- 使用 print() 函数输出。

清单 2.3 问题

In
```
n = 16

# 使用 if 语句，在变量 n 比 15 大的情况下输出"大数字"
```

解答示例

一起来解答这个问题吧。

这里我们使用 if 语句，在变量 n 比 15 大的情况下输出"大数字"。条件式首先写下 n，要判断比 15 大所以要使用大于符号，并以 15: 结尾，换行后缩进，在 print() 函数 () 内写下"大数字"。

运行代码如我们预料的一样，n 为 16 比 15 大，所以输出"大数字"（见清单 2.4）。

清单 2.4 解答示例

In

```
n = 16

# 使用 if 语句，在变量 n 比 15 大的情况下输出"大数字"
if n > 15:
    print("大数字")
```

Out

大数字

2.2 else 语句

本节将讲述 else 语句。

else 语句的结构

在 2.1 节中我们学习了 if 语句。使用了 else 语句可以通过"否则的话，..."细化条件分支。使用方法在与 if 语句同样的缩进位置用 else: 表示。与 if 语句一样通过缩进来表示处理部分。

清单 2.5 展示了 else 的例子。在这个例子中，n=2，将 2 赋给 n，接下来的 if 语句 n==1，即 n 为 1 时，执行 print(" 恭喜你获胜！")，else 即 n 不为 1 时，执行下面的代码 print(" 很遗憾！你是第 "+str(n)+" 个到达的人 ")。这里 n 是 2，不等于 1，所以执行 else 语句部分。应该输出为 "很遗憾！你是第 2 个到达的人"。

清单 2.5 else 示例①

In

```
n = 2
if n == 1:
    print(" 恭喜你获胜！")
else:
    print(" 很遗憾！你是第 " + str(n) + " 个到达的人 ")
```

Out

```
很遗憾！你是第 2 个到达的人
```

下面的例子中，animal="cat"，把字符串型数据 cat 赋给变量 animal，if animal=="cat"，animal 为字符串 cat 时，执行 print(" 猫真可爱啊 ")。animal 不是字符串 cat 时，执行 print(" 这个不是猫呀 ")。这里因为 animal 是 cat，应该执行 if 语句下的代码，print(" 猫真可爱啊 ")（见清单 2.6）。

清单 2.6 else 示例②

In

```
animal = "cat"
if animal == "cat":
    print(" 猫真可爱啊 ")
else:
    print(" 这个不是猫呀 ")
```

Out

猫真可爱啊

问题

请回答下面的问题（见清单 2.7）。

- 使用 else 语句，使得变量 n 在 15 以下时输出"小数字"。
- 使用 print() 函数输出。

清单 2.7 问题

In

```
n = 14

if n > 15:
    print("大数字")
# 使用 else 语句，使得变量 n 在 15 以下时输出"小数字"
```

解答示例

一起来解答这个问题吧。

n=14，将 14 赋给变量 n。if n>15，也就是说 n 比 15 大时，执行 print("大数字")。

接着需要用 else 语句输出"小数字"。在与 if 语句相同缩进的位置写上 else:，然后换行缩进，输入 print("小数字") 即可。

实际运行代码，n 为 14，比 15 小，应该输出"小数字"（见清单 2.8）。

清单 2.8 解答示例

In

```
n = 14

if n > 15:
    print("大数字")
# 使用 else 语句，使得变量 n 在 15 以下时输出"小数字"
else:
    print("小数字")
```

Out

小数字

2.3 elif 语句

本节将继续讲述 elif 语句。

关于 elif

当 if 语句条件不成立、想要定义不同条件时，可以使用 elif。可以指定多个 elif。其使用方法和缩进级别与 if 相同。elif 相关示例见清单 2.9。

number=2，即将 2 赋值给 number。接下来，if number 为 1，print(" 金牌！")；elif number 为 2，print(" 银牌！")；elif number 为 3，print(" 铜牌！")。以上条件都不满足，运行 else 语句，print(" 很遗憾！你是第 " + str(number) + " 个到达的人 ")。接下来的例子，由于 number = 2，则输出满足第一个 elif 条件的语句"银牌！"。

清单 2.9 elif 示例①

In

```
number = 2
if number == 1:
    print(" 金牌！")
elif number == 2:
    print(" 银牌！")
elif number == 3:
    print(" 铜牌！")
else:
    print(" 很遗憾！你是第 " + str(number) + " 个到达的人 ")
```

Out

银牌！

下面是字符串的例子。animal = "cat"，即将 cat 赋值给 animal。接下来，当 animal 是 cat 的条件时，输出"猫真可爱啊"；当是 dog 的条件时，输出"狗狗真帅啊"；当是大象的条件时，输出"大象真大啊"；当以上条件都不满足时，输出"都不是上述动物"。接下来的例子，由于 animal 为 cat，则输出满足第一个条件的语句，print(" 猫真可爱啊 ")（见清单 2.10）。

清单 2.10 elif 示例②

In

```
animal = "cat"
```

```python
if animal == "cat":
    print("猫真可爱啊")
elif animal == "dog":
    print("狗狗真帅啊")
elif animal == "elephant":
    print("大象真大啊")
else:
    print("都不是上述动物")
```

Out

猫真可爱啊

问题

请回答下面的问题（见清单 2.11）。

用 elif 语句，使其当满足 n 在 11 以上 15 以下的条件时，输出"不大不小的数字"。

清单 2.11 问题

In

```python
n = 14

if n > 15:
    print("大数字")
# 用 elif 语句，使其当满足 n 在 11 以上 15 以下的条件时，输出"不大不小的数字"




else:
    print("小数字")
```

解答示例

一起来解答这个问题吧。

前文已经介绍过关于 if 和 else 的语句。这里将介绍中等大小，即 n 在 11 以上 15 以下，使用 elif 语句输出"不大不小的数字"。前文中 if 语句当 n 大于 15 时输出"大数字"，这里 n 已经不满足 if 条件，因此满足 n 大于或等于 11 时，输出"不大不小的数字"。

运行结果：因为 n 为 14，所以满足 elif 条件，执行 elif 语句输出"不大不小的数字"（见清单 2.12）。

清单 2.12 解答示例

In

```
n = 14

if n > 15:
    print(" 大数字 ")
# 用 elif 语句，使其当满足 n 在 11 以上 15 以下的条件时，输出 " 不大不小的数字 "
elif n >= 11:
    print(" 不大不小的数字 ")
else:
    print(" 小数字 ")
```

Out

不大不小的数字

2.4 and、not、or

本节介绍 and、not、or。

关于 and、not、or

1.11 节学习了比较运算符，本节介绍的 and、not、or 称为布尔运算符，描述条件分支场景时使用。and 和 or 放在条件式中间使用。如果多个表达式都为 True，则 and 返回 True；如果多个表达式中的任何一个表达式为 True，则 or 返回 True。此外，not 在条件式之前使用，如果表达式为 True，则返回 False，如果表达式为 False，则返回 True。

语法 2.2 and, not, or

```
条件式 and 条件式
条件式 or 条件式
not 条件式
```

问题

请回答下面的问题（见清单 2.13）。

- 创建一个变量 n_1 大于 8、小于 14 的条件式，使得结果为 False 并用 print() 函数输出。
- 创建一个变量 n_1 的二次方小于变量 n_2 的 5 倍的条件式，并用 not 反转结果，使得结果为 True 并用 print() 函数输出。
- 使用 print() 函数进行输出。

清单 2.13 问题

```
In

n_1 = 14
n_2 = 28

# 创建一个变量 n_1 大于 8、小于 14 的条件式，
使得结果为 False 并用 Print() 函数输出
```

```
# 创建一个变量为 n_1 的二次方小于变量 n_2 的 5 倍的条件式，➡
并用 not 反转结果，使得结果为 True 并用 Print() 函数输出
```

解答示例

一起来解答这个问题吧。

变量 n_1、n_2 分别初始化赋值为 14 及 28。首先创建一个变量 n_1 大于 8、小于 14 的条件式，使得结果为 False 并用 print() 函数输出。由于 n_1 为 14，则 n_1 > 8 为 True，n_1 < 14 为 False，因此使用 and 连接两个条件式，使得输出为 False。

第二个问题，创建一个变量 n_1 的二次方小于变量 n_2 的 5 倍的条件式，并用 not 反转结果，使得结果为 True 并用 print() 函数输出。这里 n_1 ** 2 < n_2 * 5 为 False，使用 not 反转输出 True（见清单 2.14）。

清单 2.14 解答示例

In

```
n_1 = 14
n_2 = 28

# 创建一个变量 n_1 大于 8、小于 14 的条件式，➡
使得结果为 False 并用 Print() 函数输出
print(n_1 > 8 and n_1 < 14)

# 创建一个变量 n_1 的二次方小于变量 n_2 的 5 倍的条件式，➡
并用 not 反转结果，使得结果为 True 并用 Print() 函数输出
print(not n_1 ** 2 < n_2 * 5)
```

Out

```
False
True
```

第 3 章 列表类型

本章将讲述列表类型。

3.1 列表类型①

本节将介绍列表类型。

关于列表类型

1.6 节中我们给变量赋予一个值,本节将讲述可以给变量赋予多个值的**列表类型**。

列表类型可以存储数字或字符串等多个数据,记作(元素1,元素2,…)。列表中的每个值都称作**元素**或**对象**。

接触过其他编程语言的读者,可能会觉得列表与数组相同。

"大象""长颈鹿""熊猫"及数字1、5、2、4在列表类型可以如下书写。

["大象", "长颈鹿", "熊猫"], [1, 5, 2, 4]

问题

请回答下面的问题(见清单3.1)。

将 red、blue、yellow 三个字符串赋值给变量 c。

使用 print() 函数输出变量 c 的类型。

清单 3.1 问题

In

```
# 将 red、blue、yellow 三个字符串赋值给变量 c


print(c)

# 使用 print() 函数输出变量 c 的类型
```

解答示例

一起来解答这个问题吧。

首先我们需要将 red、blue、yellow 这三个字符串用列表类型赋给变量 c。接着输出变量 c 的值,由于还需输出变量 c 的类型,所以最后再写下 print(type(c))。

从执行结果来看，第一个 print 输出了变量 c 的内容，['red','blue','yellow']。接下来的 print 语句输出 c 为列表类型，即 (<class 'list'>)（见清单 3.2）。

清单 3.2 解答示例

In
```
# 将 red、blue、yellow 三个字符串赋值给变量 c
c = ["red", "blue", "yellow"]

print(c)

# 使用 print() 函数输出变量 c 的类型
print(type(c))
```

Out
```
['red', 'blue', 'yellow']
<class 'list'>
```

3.2 列表类型②

本节将介绍列表类型中存储的元素。

关于列表类型中的存储元素

3.1 节列表类型①中，列表类型中存储的每个元素都是相同的类型。实际上每个元素不是列表类型、类型不相同也是可以的。例如，可以存储 " 苹果 ",3," 大猩猩 " 等不同类型的数据。此外，还可以将下面的数据存储在类型中。首先把数字 3 赋值给变量 n，即 n=3，再如 " 苹果 ",n," 大猩猩 " 一样，把变量存储在列表中（见清单 3.3）。

清单 3.3 列表类型②示例

In

```
n = 3
[" 苹果 ", n, " 大猩猩 "]
```

Out

```
[' 苹果 ', 3, ' 大猩猩 ']
```

问题

请回答下面的问题（见清单 3.4）。

- 使用列表类型将 apple、grape、banana 的变量作为元素存储在变量 fruits 中。

清单 3.4 问题

In

```
apple = 4
grape = 3
banana = 6

# 使用列表类型将 apple、grape、banana 的变量作为元素存储在变量 fruits 中


print(fruits)
```

解答示例

一起来解答这个问题吧。

变量名为 fruits。我们需要用列表类型把 apple、grape、banana 作为元素储存在变量 fruits 中,并使用 print 语句输出变量。

实际运行程序可以输出 fruits 内 apple 中的 4、grape 中的 3 和 banana 中的 6(见清单 3.5)。

清单 3.5 解答示例

In

```
apple = 4
grape = 3
banana = 6

# 使用列表类型将 apple、grape、banana 的变量作为元素存储在变量 fruits 中
fruits = [apple, grape, banana]

print(fruits)
```

Out

```
[4, 3, 6]
```

3.3 list in list

本节将讲述列表中的列表。

关于 list in list

使用 list in list，可以在列表类型的元素中存储列表类型。

```
[[1, 2], [3, 4] [5, 6]]
```

例如我们可以用上述方法进行嵌套。实际上，最外侧方括号中分别是列表 [1,2]、列表 [3,4] 和列表 [5,6]。

问题

请回答下面的问题（见清单 3.6）。

- 变量 fruits 是一个以水果名称和水果个数为元素的列表。
- 给变量 fruits 赋值，使其能输出 [[" 苹果 ",2],[" 橘子 ",10]]。

清单 3.6 问题

In

```python
fruits_name_1 = "苹果"
fruits_num_1 = 2
fruits_name_2 = "橘子"
fruits_num_2 = 10

# 给变量 fruits 赋值, 使其能输出 [["苹果",2],["橘子",10]]

# 输出
print(fruits)
```

解答示例

程序运行结果如我们所料的输出 fruits_name_1 的苹果，个数为 2，fruits_name_2 的橘子，个数为 10（见清单 3.7）。

清单 3.7 解答示例

In

```
fruits_name_1 = " 苹果 "
fruits_num_1 = 2
fruits_name_2 = " 橘子 "
fruits_num_2 = 10

# 给变量 fruits 赋值，使其能输出 [[" 苹果 ",2],[" 橘子 ",10]]
fruits =  [[fruits_name_1, fruits_num_1],
[fruits_name_2, fruits_num_2]]

# 输出
print(fruits)
```

Out

```
[[' 苹果 ', 2], [' 橘子 ', 10]]
```

3.4 列表的取值

本节将讲述从列表取值的方法。

列表的取值方法

列表中的元素从前到后依次为 0、1、2 和 3，这叫作索引号。请注意，第一个元素的索引号为 0。

此外，列表中的元素还可以从后向前按顺序进行编号。最后一个元素索引号是 -1，倒数第二个元素索引号是 -2，依此类推。这样就能按照索引号从列表中对各个元素取值（见清单 3.8）。

清单 3.8 列表取值示例

In
```
a = [1, 2, 3, 4]
print(a[1])
print(a[-2])
```

Out
```
2
3
```

在清单 3.8 所示的实际程序中，将 1、2、3、4 赋值给列表 a。编号为 1 的索引将输出对应的第二个元素 2。编号为 -2 的索引将输出对应的倒数第二个元素 3。

问题

请回答下面的问题（见清单 3.9）。

- 输出列表变量 fruits 的第二个元素。
- 输出列表变量 fruits 的最后一个元素。
- 输出必须使用 print() 函数。

清单 3.9 问题

In
```
fruits = ["apple", 2, "orange", 4, "grape", 3, "banana", 1]
```

```
# 输出列表变量 fruits 的第二个元素

# 输出列表变量 fruits 的最后一个元素
```

解答示例

让我们一起解答这个问题吧。

列表变量 fruits 中的元素分别为 apple，2，orange，4，grape，3，banana，1。首先要输出 fruits 的第二个元素，其对应的索引号为 1。其次要输出 fruits 的最后一个元素，其对应的索引编号为 -1。

运行如清单 3.10 所示的程序，输出 fruits 的第二个元素为 2，最后一个元素为 1。

清单 3.10 解答示例

In
```
fruits = ["apple", 2, "orange", 4, "grape", 3, "banana", 1]

# 输出列表变量 fruits 的第二个元素
print(fruits[1])

# 输出列表变量 fruits 的最后一个元素
print(fruits[-1])
```

Out
```
2
1
```

3.5 列表的切片

本节将介绍如何使用列表的切片来操作列表。

关于列表的切片

从列表中取出列表的操作称作列表的切片。其伪代码为列表 [start: end]，可以取出列表中从索引号为 start 至索引号为 end-1 的全部元素组成一个新的列表。

其具体操作见清单 3.11。

清单 3.11 列表的切片示例

In

```
alphabet = ["a", "b", "c", "d", "e", "f", "g", "h",
"i", "j", "k", "l", "m", "n", "o", "p", "q", "r", "s",
"t", "u", "v", "w", "x", "y", "z"]
# index_num 0 1 2 3 4 5 6 7 9 10 ...25
print(alphabet[1:5])
print(alphabet[1:-5])
print(alphabet[:5])
print(alphabet[5:])
print(alphabet[0:20])
```

Out

```
['b', 'c', 'd', 'e']
['b', 'c', 'd', 'e', 'f', 'g', 'h', 'i', 'j', 'k',
'l', 'm', 'n', 'o', 'p', 'q', 'r', 's', 't', 'u']
['a', 'b', 'c', 'd', 'e']
['f', 'g', 'h', 'i', 'j', 'k', 'l', 'm', 'n', 'o',
'p', 'q', 'r', 's', 't', 'u', 'v', 'w', 'x', 'y', 'z']
['a', 'b', 'c', 'd', 'e', 'f', 'g', 'h', 'i', 'j',
'k', 'l', 'm', 'n', 'o', 'p', 'q', 'r', 's', 't']
```

如清单 3.11 所示，alphabet 为一个包含所有小写字母的列表。对 alphabet 进行索引为 1~5 的切片，将会输出从第 2 个到第 5 个元素（end 为 5，对应的索引号为 5-1=4）组成的列表。同样的，如果进行 1 ~ -5 的切片，将会输出第 2 个到倒数第 6 个（-5-1=-6）元素，即 b 到 u 组成的列表。

切片操作可以省略 start。此时将取出从开头到 end 对应的索引号之前的所有元素。

此外，如果省略 end，则选取 start 一直到末尾的所有元素。如果指定切片从 0～30，而列表索引号没到 30 时，则将选取列表 start 至末尾。

因此，切片 [:5] 即取出从开始到索引号为 4 的元素，切片 [5:] 即取出从索引号为 5 到末尾的元素。

问题

请回答下面的问题（见清单 3.12）。

> 变量 chaos 是一个包含 cat，apple，2，orange，4，grape，3，banana，1，elephant，dog 的列表。对 chaos 取出第二个元素到倒数第三个元素，使用编号为 1～-2 的切片是正确的。
>
> 从变量 chaos 中取出下列列表，并将其赋值给变量 fruits。

[待取出的列表元素]

```
["apple", 2, "orange", 4 , "grape", 3, "banana", 1]
```

清单 3.12 问题

In

```python
chaos = ["cat", "apple", 2, "orange", 4 , "grape", ➡
3, "banana", 1, "elephant", "dog"]

# 从变量 chaos 中取出下列列表，并将其赋值给变量 fruits


# 输出变量 fruits
print(fruits)
```

解答示例

一起来解答一下这个问题吧。

要从变量 chaos 中取出相应的列表赋值给 fruits，对应取出来的元素是从第二个到倒数第三个。因此，切片的索引编号为从 1～-2。运行程序，输出的为从 apple 到 1 的元素组成的列表（见清单 3.13）。

清单 3.13 解答示例

In

```python
chaos = ["cat", "apple", 2, "orange", 4 , "grape", 3, ➡
"banana", 1, "elephant", "dog"]
```

```python
# 从变量 chaos 中取出下列列表，并将其赋值给变量 fruits
fruits = chaos[1:-2]

# 输出变量 fruits
print(fruits)
```

Out

```
['apple', 2, 'orange', 4, 'grape', 3, 'banana', 1]
```

3.6 列表元素的更新和添加

本节将介绍列表元素的更新和添加。

关于列表元素的更新和添加

列表可以实现元素的更新和添加操作。伪代码：列表 [索引号] = 值，可实现列表指定索引号元素的更新。同时也可以使用切片的方式更新。

要实现列表元素的添加，可以使用 + 将列表连接在一起以实现多个元素的添加。还可以使用伪代码：列表 .append(添加的元素) 实现（见清单 3.14）。使用 append 方式只能添加单个元素。

清单 3.14 列表元素的更新和添加示例

In
```
alphabet = ["a", "b", "c", "d", "e"]
alphabet[0] = "A"
alphabet[1:3] = ["A", "C"]
print(alphabet)

alphabet = alphabet + ["f"]
alphabet += ["g", "h"]
alphabet.append("i")
print(alphabet)
```

Out
```
['A', 'A', 'C', 'd', 'e']
['A', 'A', 'C', 'd', 'e', 'f', 'g', 'h', 'i']
```

alphabet 为一个包含 a 到 e 字母的列表。接下来将 alphabet 的第一个元素（索引号为 0）更新为大写字母 A。然后使用切片从 1～3（索引号为 1 和 2）的位置（元素为 b，c）更新（参照 3.5 节）。此即完成了前三个元素的大写字母更新。

接下来介绍元素的添加。可使用 + 连接列表的方式实现元素添加。同时也可使用 += 连接列表实现添加操作。此外，使用 append("i") 可实现 i 元素的添加。因此最后输出包含了 f，g，h，i 元素的列表。

问题

请回答下面的问题（见清单 3.15）。

- 将列表变量 color 的第一个元素更新为 red。
- 将字符串 green 添加至列表的末尾。

清单 3.15 问题

In

```
c = ["dog", "blue", "yellow"]

# 将列表变量 color 的第一个元素更新为 red

print(c)

# 将字符串 green 添加至列表的末尾

print(c)
```

解答示例

一起来回答这个问题吧。

首先，用代码 c[0] = 'red' 将 c 的起始元素更新为 red。其次是在列表末尾添加 green，这可以使用 += 连接列表和 [green]。如清单 3.16 运行结果显示，c 的起始元素更新为 red，末尾元素添加了 green。

清单 3.16 解答示例

In

```
c = ["dog", "blue", "yellow"]

# 将列表变量 color 的第一个元素更新为 red
c[0] = 'red'
print(c)

# 将字符串 green 添加至列表的末尾
c += ['green']
print(c)
```

Out

```
['red', 'blue', 'yellow']
['red', 'blue', 'yellow', 'green']
```

3.7 列表元素的删除

本节将介绍列表元素的删除方法。

列表元素的删除方法

上一节已经学习了列表元素的更新和添加方法，本节将继续学习元素的删除方法。使用 3.1 所示的语法实现列表元素的删除。

语法 3.1

```
del 列表[索引号]
```

此语法可删除列表中指定索引号的元素。其中索引号也可使用切片的方式给出。让我们来看看清单 3.17 的例子。

清单 3.17 删除列表元素示例

In

```
alphabet = ["a", "b", "c", "d", "e"]
del alphabet[3:]
del alphabet[0]
print(alphabet)
```

Out

```
['b', 'c']
```

alphabet 为一个与清单 3.14 列表相同的，包含所有 a 到 e 字母的列表。del alphabet[3:] 可删除第 4 个及以后的元素。然后使用 del alphabet[0] 删除起始元素。这样就能删除列表中第 4 个及以后的元素和起始元素，并输出剩余元素 b，c。

问题

请回答下面的问题（见清单 3.18）。

- 删除变量 c 的起始元素。

清单 3.18 问题

In

```
c = ["dog", "blue", "yellow"]
```

```
print(c)

# 删除变量 c 的起始元素

print(c)
```

解答示例

一起来回答这个问题吧。

列表变量 c 被赋值与 dog, blue, yellow。要删除起始元素，即在 del 后跟 c 的索引号 0。运行结果显示，c 的起始元素被删除，输出保留下来的 blue, yellow（见清单 3.19）。

清单 3.19 解答示例

In
```
c = ["dog", "blue", "yellow"]
print(c)

# 删除变量 c 的起始元素
del c[0]
print(c)
```

Out
```
['dog', 'blue', 'yellow']
['blue', 'yellow']
```

3.8 列表类型的注意要点

本节将介绍列表类型的注意要点。

使用列表类型应注意的要点

首先,请看清单 3.20 所示的代码。

清单 3.20 列表类型描述示例①

In
```
alphabet = ["a", "b", "c"]
alphabet_copy = alphabet
alphabet_copy[0] = "A"
print(alphabet)
```

Out
```
['A', 'b', 'c']
```

alphabet 为一个包含 a,b,c 字母的列表。然后将 alphabet 赋值给副本 alphabet_copy。接下来将 alphabet_copy 的起始元素更新为大写字母 A。

关于列表类型,这里需要注意的是,如果将列表变量赋值给另一个变量,并且更新了该变量的值,则原始变量的值也会改变。

为了防止发生这种情况,不能简单地用 y = x 实现赋值,而应使用 y = x[:] 这种方式,或者使用 y = list(x)。

如清单 3.21 所示,直接复制原列表所有元素可以得到一个新列表。在本例中,使用切片 alphabet[:] 赋值给 alphabet_copy。此时,将 alphabet_copy 的起始元素更新,也不会改变原列表 alphabet 的元素。

清单 3.21 列表类型描述示例②

In
```
alphabet = ["a", "b", "c"]
alphabet_copy = alphabet[:]
alphabet_copy[0] = "A"
print(alphabet)
```

Out
```
['a', 'b', 'c']
```

问题

请回答下面的问题（见清单 3.22）。

- 在不改变列表变量 c 的元素的条件下，修改问题中的 c_copy = c 部分。

清单 3.22 问题

In

```
c = ["dog", "blue", "yellow"]
print(c)

# 在不改变列表变量 c 的元素的条件下，修改问题中的 c_copy =c 部分
c_copy = c

c_copy[1] = "green"
print(c)
```

Out

```
['dog', 'blue', 'yellow']
['dog', 'green', 'yellow']
```

解答示例

一起回答这个问题吧。

列表变量 c 被赋值与 dog，blue，yellow。使用 c_copy = c 时，c 被复制为副本 c_copy。这样，更新 c_copy 的起始元素会导致 c 的元素一同改变。

原代码运行结果显示，c 的 blue 位置的元素更新为 green。此时可用切片赋值的方式改正，从而保持 c 的元素不变。

清单 3.23 中使用 c_copy = c[:] 替换原代码。此时运行结果显示，c 的 blue 位置的元素仍为 blue，没有改变。

清单 3.23 解答示例

In

```
c = ["dog", "blue", "yellow"]
print(c)

# 在不改变列表变量 c 的元素的条件下，修改问题中的 c_copy =c 部分
c_copy = c[:]
```

```
c_copy[1] = "green"
print(c)
```

Out

```
['dog', 'blue', 'yellow']
['dog', 'blue', 'yellow']
```

第 4 章 字典类型

本章将讲述字典类型。

4.1 什么是字典类型

本节将讲述字典类型。

字典类型的说明

字典类型和列表类型一样,是一种处理多个数据的类型。

与列表类型不同的是字典类型不是使用索引号提取元素,而是通过命名键(key)来关联值(value)。接触过其他编程语言的读者可以理解为字典类型是与JSON形式相似的类型。

字典类型的书写方式如语法4.1所示。数据是字符串的情况需要使用"(双引号)包括。

语法 4.1

{ 键 1: 值 1, 键 2: 值 2, ...}

让我们来看一下清单4.1中的例子。

清单 4.1 字典类型示例

In
```
dic ={"Japan": "Tokyo", "Korea": "Seoul"}
print(dic)
```

Out
```
{'Japan': 'Tokyo', 'Korea': 'Seoul'}
```

在这个例子中,字典类型数据存储在变量dic中,即{"Japan": "Tokyo", "Korea": "Seoul"}。

问题

请回答下面的问题(见清单4.2)。

- 请创建具有以下键和值的字典,并将其赋值给变量town。

键1:Aichi、值1:Nagoya、键2:Kanagawa、值2:Yokohama

清单 4.2 问题

In
```
# 请将字典赋值给变量 town


# town 的输出
print(town)
# 类型的输出
print(type(town))
```

解答示例

一起来回答这个问题吧（见清单 4.3）。

将字典赋值给变量 town，因此首先将键 Aichi 放入 town 中，其次是值 Nagoya。在键 Aichi 后面输入：(冒号) 后输入值。

接下来是键 Kanagawa，同样地，在：后输入 Yokohama，即可完成字典赋值。

运行代码即可输出问题中要求的 town 的内容和 town 的类型。字典为 {'Aichi': 'Nagoya', 'Kanagawa': 'Yokohama'}，类型为 dict 型。

清单 4.3 解答示例

In
```
# 请将字典赋值给变量 town
town = {"Aichi": "Nagoya", "Kanagawa": "Yokohama"}

# town 的输出
print(town)
# 类型的输出
print(type(town))
```

Out
```
{'Aichi': 'Nagoya', 'Kanagawa': 'Yokohama'}
<class 'dict'>
```

4.2 字典的取值

本节将讲述字典中元素的取值方法。

字典的取值方法

我们可以通过与需要提取的值相关联的键实现字典中元素的提取，句法为字典名称[" 键 "]。

具体的例子见清单 4.4。

清单 4.4 字典元素检索示例

In

```
dic = {"Japan": "Tokyo", "Korea": "Seoul"}
print(dic["Japan"])
```

Out

```
Tokyo
```

将字典 {"Japan":"Tokyo","Korea":"Seoul"} 赋值给变量 dic。
然后，从字典 dic 中检索键 Japan 的值，即可输出键 Japan 相关联的值 Tokyo。

问题

请回答下面的问题（见清单 4.5）。

- 使用字典 town，输出 "Aichi 县的政府所在地在 Nagoya"。
- 使用字典 town，输出 "Kanagawa 县的政府所在地在 Yokohama"。
- 使用 print() 函数输出上述问题。

清单 4.5 问题

In

```
town = {"Aichi": "Nagoya", "Kanagawa": "Yokohama"}


#   使用字典 town, 输出 "Aichi 县的政府所在地在 Nagoya"


#   使用字典 town, 输出 "Kanagawa 县的政府所在地在 Yokohama"
```

解答示例

一起来解答这个问题吧（见清单4.6）。

首先需要输出Aichi县的政府所在地在Nagoya。在print函数中写上，"Aichi县的政府所在地在"。接着使用字典town检索键Aichi关联的值。

Kanagawa县的政府所在地同样使用字典town检索Kanagawa关联的值，即可得到正确的输出。

运行代码，可以得到"Aichi县的政府所在地在Nagoya""Kanagawa县的政府所在地在Yokohama"。

清单4.6 解答示例

In

```
town = {"Aichi": "Nagoya", "Kanagawa": "Yokohama"}

# 使用字典town，输出"Aichi县的政府所在地在Nagoya"
print("Aichi县的政府所在地在 " + town["Aichi"])

# 使用字典town，输出"Kanagawa县的政府所在地在Yokohama"
print("Kanagawa县的政府所在地在 " + town["Kanagawa"])
```

Out

```
Aichi县的政府所在地在Nagoya
Kanagawa县的政府所在地在Yokohama
```

4.3 字典的更新和添加

本节将讲述字典的更新和添加方法。

字典数值的更新和添加

语法 4.2、4.3 分别是字典数值更新和添加的程序书写方法（见清单 4.7）。

语法 4.2

字典名称 [" 更新值的键 "] = " 值 "

语法 4.3

字典名称 [" 添加的键 "] = " 值 "

清单 4.7 字典的更新和添加示例

In
```
dic = {"Japan": "Tokyo","Korea": "Seoul"}
dic["Japan"] = "Osaka"
dic["China"] = "Beijing"
print(dic)
```

Out
```
{'Japan': 'Osaka', 'Korea': 'Seoul', 'China': 'Beijing'}
```

　　清单 4.7 的字典更新中，给变量 dic 赋一个字典，其中键为 Japan、值为 Tokyo、键 Korea 值为 Seoul。首先将键 Japan 的值更新为 Osaka。这里字典 dic 需要更新的键是 Japan、值是 Osaka。

　　接下来是为字典 dic 添加元素，在键 China 中添加值 Beijing。这里需要使用字典名称 [" 添加的键 "] = 值表述。执行 print(dic)，输出字典键 Japan、值 Osaka、键 Korea、值 Seoul，以及添加的键 China、值 Beijing。

问题

请回答下面的问题（见清单 4.8）。

- 添加元素键 Hokkaido、值 Sapporo。
- 将键 Aichi 的值变更为 Nagoya。

清单 4.8 问题

In

```
town = {"Aichi": "aichi","Kanagawa": "Yokohama"}

# 请添加元素键 Hokkaido、值 Sapporo

print(town)

# 请将键 Aichi 的值变更为 Nagoya

print(town)
```

解答示例

一起来解答这个问题吧（见清单4.9）。

给变量 town 赋值一个字典，其中键 Aichi 的值为 aichi，键 Kanagawa 的值为 Yokohama。现在我们来添加元素键 Hokkaido 值 Sapporo。添加元素的字典名 town，= 前需要添加的键为 ["Hokkaido"]，值为 "Sapporo"。其次需要把键 Aichi 的值变更为 Nagoya。同样在变量 town 中使用 ["Aichi"]="Nagoya" 完成数值的更新。结果应该首先输出添加的 Hokkaido，其次输出更新了值的 Aichi。

实际运行代码，我们可以看到，字典添加了键 Hokkaido 和值 Sapporo，值 aichi 更改为 Nagoya。

清单 4.9 解答示例

In

```
town = {"Aichi": "aichi","Kanagawa": "Yokohama"}

# 请添加元素键 Hokkaido、值 Sapporo
town["Hokkaido"] = "Sapporo"
print(town)

# 请将键 Aichi 的值变更为 Nagoya
town["Aichi"] = "Nagoya"
print(town)
```

Out

```
{'Aichi': 'aichi', 'Kanagawa': 'Yokohama', ➡
'Hokkaido': 'Sapporo'}
{'Aichi': 'Nagoya', 'Kanagawa': 'Yokohama', ➡
'Hokkaido': 'Sapporo'}
```

4.4 字典元素的删除

本节将讲述字典元素的删除方法。

字典元素的删除方法

字典元素删除的程序语句书写形式如语法 4.4 所示（见清单 4.10）。

语法 4.4

```
del  字典名称 [" 删除的键 "]
```

清单 4.10 字典元素的删除方法示例

In

```
dic = {"Japan": "Tokyo", "Korea": "Seoul", "China": "Beijing"}
del dic["China"]
print(dic)
```

Out

```
{'Japan': 'Tokyo', 'Korea': 'Seoul'}
```

让我们来看一下清单 4.10 中的例子。

给变量 dic 赋值字典 "Japan":"Tokyo","Korea":"Seoul","China":"Beijing"。将键 China 从字典中删除。删除字典中的值时，使用 del 字典名称 [" 删除的键 "]。使用 print() 函数输出字典 dic，得到 {'Japan':'Tokyo','Korea':'Seoul'}，可知键 China 和值 Beijing 已从字典中删除。

问题

请回答下面的问题（见清单 4.11）。

- 删除元素键 Aichi。

清单 4.11 问题

In

```
town = {"Aichi": "aichi","Kanagawa": "Yokohama",
```

```
"Hokkaido": "Sapporo"}

# 请删除键 Aichi 的元素

print(town)
```

解答示例

一起来解答这个问题吧（见清单4.12）。

给变量town赋值字典："Aichi":"aichi","Kanagawa":"Yokohama","Hokkaido":"Sapporo"。接着需要将键Aichi的元素删除。删除元素使用程序语句del town["Aichi"]即可完成。

实际运行代码，我们得到了删除Aichi和aichi值后的字典：{'Kanagawa':'Yokohama', 'Hokkaido':'Sapporo'}。

清单4.12 解答示例

In
```
town = {"Aichi":"aichi","Kanagawa":"Yokohama",
"Hokkaido":"Sapporo"}

# 请删除键 Aichi 的元素
del town["Aichi"]
print(town)
```

Out
```
{'Kanagawa': 'Yokohama', 'Hokkaido': 'Sapporo'}
```

第 5 章 while 语句

本章将讲述 while 语句。

5.1 什么是 while 语句

本节将讲述 while 语句。

对 while 语句的说明

使用 while 语句可以重复运行代码直到条件式变为 False。与 2.1 节中学到的 if 语句一样，代码书写格式如语法 5.1 所示。当条件式为 True 时，将一直重复 while 语句内的代码。

语法 5.1

```
while    条件式：...
```

需要注意的是，while 语句和 if 语句相似，通过使用同样的缩进来提示语句内循环的位置。缩进为 4 个半角空格。

让我们来看一下清单 5.1 中的例子。n=2，n 被赋值为 2。接着是 while n>0，在 n>0 的期间重复。在 while 语句中，print(n) 输出 n 的值，n-=1 变量 n 减去 1。结果显示，n 的值最开始为 2。然后 n 减去 1，判断条件式，由于 n 为 1，仍大于 0，重复操作，输出 n 的值，n 再次减去 1，判断 while 的条件，此时 n 为 0，不再满足 n>0，条件式由 True 变为 False，退出 while 语句。

清单 5.1 while 语句示例

In
```
n = 2
while n > 0:
    print(n)
    n -= 1
```

Out
```
2
1
```

问题

请回答下面的问题。

- 在清单 5.2 所示的代码中，print("Aidemy") 将运行多少次？

清单 5.2 问题

In

```
x = 5
while x > 0:
    print("Aidemy")
    x -= 2
```

1. 0
2. 1
3. 2
4. 3

解答示例

一起来解答这个问题吧。

首先，把 5 赋值给 x，即 x=5。然后设置 x>0 为循环条件。满足条件即执行 while 语句内的命令，print("Aidemy")。x 再减去 2，即 x-=2。

让我们来看一下 Aidemy 输出了多少次。x 最开始为 5，判断 while 的条件，x 比 0 大，进入 while 语句内，执行第 1 次 print("Aidemy")。x 减去 2 变为 3，判断 while 的条件，x 比 0 大，重复 while 内的命令，执行第 2 次 print("Aidemy")。x 减去 2 变为 1，再次进行判断，x 仍然比 0 大，重复 while 内的命令，第 3 次 print("Aidemy")。x 减去 2 变为 -1，判断 while 条件时，x>0 不成立，所以退出 while 语句，结束循环。因此 Aidemy 一共输出了 3 次，正确答案为选项 4 的 3 次（见清单 5.3）。

清单 5.3 解答示例

In

```
x = 5
while x > 0:
    print("Aidemy")
    x -= 2
```

Out

```
Aidemy
Aidemy
Aidemy
```

4. 3

5.2 while 语句的使用

本节继续讲述 while 语句。

while 语句的练习

while 语句是 Python 中频繁使用的语句之一，本节我们将通过练习再次巩固 while 语句的相关知识。

在 while 语句的使用过程中，如果忘记了更新条件式变量的值，或者创建了恒成立的条件式，那么循环将会无限地持续下去。这样的循环称作无限循环，在实际编写程序时应该注意避免无限循环。

问题

请回答下面的问题。

- 先将变量 x 设定为 5。
- 使用 while 语句，使得其在变量 x 不为 0 时实现循环。
- 写出 while 语句内需执行的操作——变量 x 减去 1 并输出 x 的值。
- 使用 print() 函数输出。

满足程序运行结果如下所示。

```
Out
4
3
2
1
0
```

解答示例

接下来，让我们一起来解答这个问题吧。先将 5 赋值给变量 x。接着使用 while 创建循环直到 x 不为 0。

首先使用 while 语句，设置变量 x 不为 0 的循环条件，这里不等于使用运算符 !=。

接着编写 while 语句中循环部分的代码，变量 x 先是减去 1，其次输出变量 x 的值。

运行这个代码，结果依次输出 4、3、2、1、0，最后输出的 0 与条件式中的 0 相等，所以代码运行到这里退出 while 语句的循环（见清单 5.4）。

清单 5.4 解答示例

In

```
x = 5

# 使用 while 语句，使得其在变量 x 不为 0 时实现循环
while x != 0:
    # 写出 while 语句内需执行的操作——变量 x 减去 1 并输出 x 的值
    x -= 1
    print(x)
```

Out

```
4
3
2
1
0
```

5.3 while+if 语句的使用

本节将讲述 while 语句 +if 语句的使用方法。

关于 while+if 语句

本节将尝试结合第 2 章学习的 if 语句与 5.1 节、5.2 节学习的 while 语句来解决问题。

问题

请回答下面的问题。

- 尝试改进上节编写的代码。
- 使用 if 语句改进代码，使其能够依次输出 4、3、2、1、Bang。

Out
```
4
3
2
1
Bang
```

解答示例

一起来解答这个问题吧。

与上节的代码相同，先把 5 赋值给变量 x，使用 while 语句在 x 不为 0 时实现循环。接着 x 减去 1 并输出 x 的内容。

这里的问题在于，如果 x 为 0，则只需输出 Bang，如果 x 不为 0，则继续输出 x。

运行结果见清单 5.5。

清单 5.5 运行结果

In
```
x = 5

# 使用 while 语句, 使得其在变量 x 不为 0 时实现循环
while x != 0:
    # 写出 while 语句内需执行的操作——变量 x 减去 1 并输出 x 的值。
```

此外，当变量 x 为 0 时，请输出 "Bang"

```
x -= 1
if x == 0:
    print("Bang")
else:
    print(x)
```

Out

```
4
3
2
1
Bang
```

第 6 章 for 语句

本章将介绍 for 语句。

6.1 什么是 for 语句

本节将介绍 for 语句。

for 语句的说明

for 语句经常在需要输出列表中全部元素时使用。书写形式如语法 6.1 所示，可以对数据群中的元素重复处理。

语法 6.1

```
for 变量 in 数据群:
```

数据群指的是变量中具有多个元素，例如列表类型和字典类型。这里列表类型使用 for 语句，字典类型使用 6.6 节将要学习的**字典型的循环**。使用 for 语句时，请注意不要忘记末尾的冒号。

for 语句与 if 和 while 一样，**通过缩进指示处理范围**，请使用 4 个半角空格缩进（见清单 6.1）。

清单 6.1 for 语句示例

In

```python
animals = ["tiger", "dog", "elephant"]
for animal in animals:
    print(animal)
```

Out

```
tiger
dog
elephant
```

让我们来看一下清单 6.1 中的示例。为变量 animals 赋值一个包含 tiger、dog、elephant 这 3 个元素的列表。下一句的 for 语句，animal in animals，将把 animals 的列表中的值逐个赋给 animal。

然后使用 print(animal) 输出 animal 的内容。重复此操作，直至列表结束。结果逐一输出 tiger、dog、elephant。

问题

请回答下面的问题（见清单 6.2）。

- 使用 for 语句，逐个输出变量 numbers 中的元素。
- 使用 print() 函数输出。
- for 语句后的变量可以任意使用。

清单 6.2 问题

In

```
numbers = [1, 2, 3, 4]

# 使用 for 语句，逐个输出变量 numbers 中的元素
```

解答示例

一起来解答这个问题吧。

为变量 numbers 赋值包含 1、2、3、4 元素的列表。这个问题中需要使用 for 语句逐个输出变量 numbers 的元素。在 for 语句中我们经常使用 i 作为变量名称。这里我们也使用 i。for i in numbers: 循环将 number 中的元素逐个赋给变量 i。接着 print(i) 即可将变量 numbers 中的元素逐个输出。

运行代码即可得到列表顺序 1、2、3、4 的输出（见清单 6.3）。

清单 6.3 解答示例

In

```
numbers = [1, 2, 3, 4]

# 请使用 for 语句，逐个输出变量 numbers 中的元素
for i in numbers:
    print(i)
```

Out

```
1
2
3
4
```

6.2 什么是 break 语句

本节将讲述 break 语句。

对 break 语句的说明

break 可以用来终止循环操作，通常与 if 语句同时使用（见清单 6.4）。

清单 6.4　break 的示例

In
```
storages = [1, 2, 3, 4, 5, 6, 7, 8, 9, 10]
for n in storages:
    print(n)
    if n >= 5:
        print("继续查看")
        break
```

Out
```
1
2
3
4
5
继续查看
```

让我们一起来看清单 6.4 的例子。变量 storages 包含从 1~10 的整数列表。for 语句从变量中逐个检索数据并使用 print() 函数输出其数值。

接着当 if 语句块中检索到的变量元素在 5 以上时，print() 函数输出"继续查看"，并使用 break 终止了 for 语句。

从输出结果来看，在输出了 1~5 之后，if 语句中的后续部分显示"继续查看"，并以 break 结束了循环。

问题

请回答下面的问题（见清单 6.5）。

- 在变量 n 的值为 4 时终止运行。

清单 6.5 问题

In
```
storages = [1, 2, 3, 4, 5, 6]

for n in storages:
    print(n)
    # 请在变量 n 的值为 4 时终止运行
```

解答示例

一起来解答这个问题吧。

storages 是一个包含 1~6 的整数的列表变量。for 语句将 storages 中的值逐个取出并赋值给变量 n。然后用 print() 函数输出。

首先用 if 语句设置变量 n == 4 的判断条件，题目中要求变量 n 的值为 4 时终止循环，此时需要使用 break 来完成这项任务。

运行如清单 6.6 的程序结果显示，在输出 1~4 之后，程序终止。

清单 6.6 解答示例

In
```
storages = [1, 2, 3, 4, 5, 6]

for n in storages:
    print(n)
    # 请在变量 n 的值为 4 时终止运行
    if n == 4:
        break
```

Out
```
1
2
3
4
```

6.3 什么是 continue 语句

本节将讲述 continue 语句。

对 continue 语句的说明

continue 可以在满足特定条件的情况下，跳过一次循环。与 break 一样，continue 也经常与 if 语句组合使用（见清单 6.7）。

清单 6.7 continue 示例

In

```
numbers = [1, 2, 3]
for number in numbers:
    if number == 2:
        continue
    print(number)
```

Out

```
1
3
```

让我们来看一下清单 6.7 的例子吧。把列表 1、2、3 赋值给变量 numbers。接着用 for number in numbers: 对 numbers 逐个取值。在 if 语句中使用 print(number) 输出 number 的值，当 number 为 2 时，使用 continue 跳过一次循环。

从输出结果为 1、3 可知，number 为 2 时程序跳过 print() 函数。

问题

请回答下面的问题（见清单 6.8）。

- 补充下面的代码，使得代码只在变量 n 的值为 2 的倍数时，跳过操作。

清单 6.8 问题

In

```
n = [1, 2, 3, 4, 5, 6]

for n_i in n:
```

```
    # 在变量 n 的值为 2 的倍数时，跳过操作

    print(n_1)
```

解答示例

一起来解答这个问题吧。

将数字 1~6 赋值给变量 n。并用 for n_i in n 对 n 逐个取值。接着我们需要使程序在只有变量 n_i 的值为 2 的倍数时跳过操作。这里可以使用 if 语句判断 n_i 是否为 2 的倍数。判断变量是哪个数字的倍数或确认倍数的时候，我们通常使用余数。因此，如果 n_i 除以 2 的余数为 0 时，执行 continue 跳过操作即可。

运行代码可以得到输出为 1、3、5，变量 n_i 的值只在 2 的倍数时跳过了输出操作（见清单 6.9）。

清单 6.9 解答示例

In

```python
n = [1, 2, 3, 4, 5, 6]

for n_i in n:
    # 在变量 n 的值为 2 的倍数时，跳过操作
    if n_i % 2 == 0:
        continue

    print(n_i)
```

Out

```
1
3
5
```

6.4 for 语句中的索引表示

本节将讲述如何使用 for 语句表示索引。

关于 for 语句中的索引表示

有时我们在使用 for 语句循环的同时也希望得到列表的索引。在这种情况下，可以通过 enumerate 获得带有索引的元素（见清单 6.10）。

for 语句的循环如语法 6.2 所示。

语法 6.2

```
for x, y in enumerate( 列表类型 ):
    for 语句中的变量用 x、y 表示。
    其中，x 是整数类型元素，y 是列表类型元素。
```

清单 6.10 for 语句

In

```
list = ["a", "b"]
for index, value in enumerate(list):
    print(index, value)
```

Out

```
0 a
1 b
```

让我们来看一下清单 6.10 中的例子。例子中使用了 for x,y in enumerate(list): 的语法。这里 x 的位置是整数类型元素，而 y 的位置则是列表类型元素。

接着将字符串赋值给 list，list=["a","b"]。for index,value in enumerate(list): 可以将列表的内容连同索引号码取出。执行 print(index,value)，index 的位置将输出列表的索引号码，而 value 的位置输出列表的元素。代码输出结果为 0 和 a、1 和 b。

问题

请回答下面的问题（见清单 6.11）。

- 使用 for 语句和 enumerate 编写代码，输出以下内容。

- 使用 print() 函数输出。

```
index:0 tiger
index:1 dog
index:2 elephant
```

清单 6.11 问题

In

```
animals = ["tiger", "dog", "elephant"]

# 请使用for和enumerate语句编写代码，输出 index:0 tiger、➡
index:1 dog、index:2 elephant
```

解答示例

问题要求我们输出 index：0 tiger、index：1dog、index：2elephant。

让我们一起来解答这个问题吧。首先将列表 tiger、dog、elephant 赋值给变量 animals。现在使用 for、enumerate 语句输出列表的内容。先写下 for index,animal in enumerate(animals)：，这里请不要忘记获取索引号。

然后在 print 中写入 index：。想要输出 "index"，不要忘记将其转换为字符串型。接着输出 animal 中的内容，这里索引号和元素之间需要 1 个半角空格，即半角空格 +animal。

运行代码，结果输出为 index：0 tiger、index：1dog、index：2elephant（见清单 6.12）。

清单 6.12 解答示例

In

```
animals = ["tiger", "dog", "elephant"]

# 使用for和enumerate语句编写代码，输出 index:0 tiger、➡
index:1 dog、index:2 elephant
for index, animal in enumerate(animals):
    print("index:" + str(index) + " " + animal)
```

Out

```
index:0 tiger
index:1 dog
index:2 elephant
```

6.5 列表嵌套循环

本节将讲述列表嵌套循环。

什么是列表嵌套循环

如果列表的元素也是列表类型，也可以使用 for 语句取值（见清单 6.13）。书写形式如语法 6.3 所示。

语法 6.3

```
for a, b, c, in 变量
```

此时，a、b、c 的个数必须和元素列表中的内容一致。

清单 6.13 列表嵌套循环示例

In

```
list = [[1, 2, 3],
        [4, 5, 6]]

for a, b ,c in list:
    print(a, b, c)
```

Out

```
1 2 3
4 5 6
```

让我们来看一下清单 6.13 的例子。对于 list=[[1,2,3],[4,5,6]]，每个列表包含 3 个元素。使用 for 语句可以检索出 a、b、c，print(a,b,c) 可以依次输出列表 list 中的元素。输出结果可知，首先输出了第 1 个列表中的值 1、2、3，其次输出下一个循环 4、5、6。

问题

请回答下面的问题（见清单 6.14）。

- 使用 for 语句编写代码，输出以下内容。
- 使用 print() 函数输出。

```
strawberry is red
peach is pink
banana is yellow
```

清单 6.14 问题

In

```
fruits = [["strawberry", "red"],
          ["peach", "pink"],
          ["banana", "yellow"]]

# 使用 for 语句编写代码
```

解答示例

一起来解答这个问题吧。

嵌套列表变量 fruits 中包含一个 strawberry、red 组成的列表元素，一个 peach、pink 组成的列表元素，和一个列表 banana、yellow 组成的列表元素。尝试用 for 语句输出。

首先，for a, b in fruits 可以取出嵌套列表变量 fruits 中列表元素的两个字符型元素。print(a + "is" + b) 可以输出这样的语句：strawberry is red。

如清单 6.15 运行程序结果显示，输出了 strawberry is red、peach is pink、banana is yellow。

清单 6.15 解答示例

In

```
fruits = [["strawberry", "red"],
          ["peach", "pink"],
          ["banana", "yellow"]]

# 使用 for 语句编写代码
for a, b in fruits:
    print(a + " is " + b)
```

Out

```
strawberry is red
peach is pink
banana is yellow
```

6.6 字典类型的循环

本节将讲述字典类型的循环。

什么是字典类型的循环

在字典类型的循环中，键和值都可以作为变量循环（见清单 6.16）。书写形式如语法 6.4 所示。

语法 6.4

```
for 键的变量名，值的变量名 in 字典的变量名.item()
```

清单 6.16 字典类型的循环示例

In
```python
fruits = {"strawberry": "red", "peach": "pink",
"banana": "yellow"}
for fruit, color in fruits.items():
    print(fruit + " is " + color)
```

Out
```
strawberry is red
peach is pink
banana is yellow
```

让我们来看清单 6.16 中的例子。将字典赋值给变量 fruits，其中键 strawberry 的值为 red，键 peach 的值为 pink，键 banana 的值为 yellow。现在代码语句 for fruit,color in fruits.items() 分别把 fruits 的键和值赋给变量 fruit 和 color。这时，执行 print(fruit+"is"+color) 可输出 strawberry is red、peach is pink、banana is yellow。

让我们再来看一遍代码。输出结果中 strawberry is red 是 print 语句中 fruit+"is"+color 部分的运行结果。strawberry 是变量 fruit 的值。red 是变量 color 的值。fruit 和 color 各自由 for 语句中 fruit, color in fruits.items() 访问得到。因此这里字典中的键 strawberry 替代了 fruit，其对应的值 red 替代了 color 的位置。

问题

请回答下面的问题（见清单 6.17）。

- 使用 for 语句编写代码，输出下面的内容。

```
Aichi Nagoya
Kanagawa Yokohama
Hokkaido Sapporo
```

清单 6.17 问题

In

```
town = {"Aichi": "Nagoya","Kanagawa": ➡
"Yokohama": "Hokkaido": "Sapporo"}

# 使用 for 语句输出
```

解答示例

一起来解答这个问题吧。

将如下所示的字典赋给变量 town。

```
键 Aichi 对应值 Nagoya
键 Kanagawa 对应值 Yokohama
键 Hokkaido 对应值 Sapporo
```

每个键都对应一个值。接下来我们使用 for 语句取值。如清单 6.18 所示，代码语句 for key,value in town.items() 可以访问键和值。

然后使用 print() 函数输出 key 和 value 并用半角空格分隔。

运行结果显示，键和值成对输出 Aichi Nagoya、Kanagawa Yokohama、Hokkaido Sapporo。

清单 6.18 解答示例

In

```
town = {"Aichi": "Nagoya","Kanagawa": ➡
"Yokohama", "Hokkaido": "Sapporo"}

# 使用 for 语句输出
for key, value in town.items():
    print(key + " " + value)
```

Out

```
Aichi Nagoya
Kanagawa Yokohama
Hokkaido Sapporo
```

第 7 章 函数与方法

本章将讲述函数与方法的相关内容。

7.1 函数的基础与内置函数

本节将讲述函数的基础及内置函数的相关内容。

● 什么是函数

简单地说，函数是程序的集合。函数可以由用户自由定义，也存在把函数汇总到一起的包，通常称作库或框架。

内置函数是 Python 的预定义函数，print() 函数就是一个典型的例子。

除了 print() 函数之外，Python 还提供了其他许多有用的函数。我们可以使用这些函数有效地编写程序。例如，我们前面学习过的 type()、int()、str() 函数也是内置函数。

现在，我们来介绍一个常用的内置函数 len()。函数 len() 可以返回括号内对象的长度或元素的个数。

对象也可以赋值给变量，我们后文将会详细介绍，这里，读者可以暂时理解为"变量"。这些赋值称为参数，有时也写作 parameter。

● 每个函数可以作为参数的变量类型

对于每一个函数，可以作为参数的变量类型是固定的。例如上文中提到的 len() 函数，len() 函数的括号内可以是 str 型或者 list 型，但是不能用 int 型、float 型或者 bool 型。学习函数时，要注意使用参数的类型，想要确认参数类型，可以参照 Python。

接下来，让我们分别来看一下 len() 函数出现错误与没有错误的情况。

首先是正确使用参数的情况（见清单 7.1），len() 函数括号内为字符串 tomato。这时，程序返回 tomato 的字符数为 6。在 list 的例子中（见清单 7.2），返回 list 的元素数目为 3。

清单 7.1 没有错误的情况①

In
```
len("tomato")
```

Out
```
6
```

清单 7.2 没有错误的情况②

In
```
len([1, 2, 3])
```

Out

```
3
```

然而，当我们使用了 int 型、float 型或者 bool 型，将显示 TypeError:object of type 'int' has no len() 的信息（见清单 7.3 ~ 清单 7.5）。

清单 7.3 出现错误的情况①

In

```
len(3)
```

Out

```
---------------------------------------------------------
TypeError                    Traceback (most recent call last)

<ipython-input-8-6b3b01eb5e19> in <module>
----> 1 len(3)

TypeError: object of type 'int' has no len()
```

清单 7.4 出现错误的情况②

In

```
len(2, 1)
```

Out

```
---------------------------------------------------------
TypeError                    Traceback (most recent call last)

<ipython-input-1-2c6ca8b63171> in <module>()
----> 1 len(2, 1)

TypeError: len() takes exactly one argument (2 given)
```

清单 7.5 出现错误的情况③

In

```
len(true)
```

Out

```
---------------------------------------------------------
NameError                    Traceback (most recent call last)
```

```
<ipython-input-10-376ae814c17c> in <module>
----> 1 len(true)

NameError: name 'true' is not defined
```

函数和变量本质上是相同的对象。Python 中保留字和内置函数不受保护。因此，如果我们使用了保留字或函数名作为变量，则保留字和内置函数将会被覆盖，程序运行也会因出现错误而停止。

这就是我们在第 1 章中解释"最好不要使用保留字或内置函数名称"的原因。

问题

请回答下面的问题（见清单 7.6）。

- 使用 len() 和 print() 输出变量 vege 对象的长度。
- 使用 len() 和 print() 输出变量 n 对象的长度。

清单 7.6 问题

In

```
vege = "potato"
n = [4, 5, 2, 7, 6]

# 使用 len() 和 print() 输出变量 vege 对象的长度

# 使用 len() 和 print() 输出变量 n 对象的长度
```

解答示例

一起来解答这个问题吧。

变量 vege 被赋值字符串 potato，变量 n 被赋值列表 4、5、2、7、6。

首先输出变量 vege 的对象长度，使用 print(len(vege)) 即可。接着输出变量 n 的对象长度，同样使用 print(len(n)) 输出。

运行代码，可以得到 vege 的字符串长度，即 potato 的长度为 6，n 的长度即元素数为 5（见清单 7.7）。

清单 7.7 解答示例

In

```
vege = "potato"
```

```
n = [4, 5, 2, 7, 6]

# 使用 len() 和 print() 输出变量 vege 对象的长度
print(len(vege))

# 使用 len() 和 print() 输出变量 n 对象的长度
print(len(n))
```

Out
```
6
5
```

7.2 函数与方法的说明

本节将讲述函数与方法。

什么是方法

方法是指对值进行的处理操作，书写方式如语法 7.1 所示。

语法 7.1

值 . 方法名

方法的作用与函数相同。不同的是，在使用函数的时候，需要将待处理的值放入函数的 () 中，而方法则是在待处理的值后面加上 . (点)。值的类型不同需要使用的方法也不同。

例如，3.6 节列表元素的更新和添加中学过的 append()，就是一个可以使用列表类型的方法。

让我们来复习一下 append() 方法的操作吧（见清单 7.8）。

清单 7.8 append() 方法使用的复习

In

```
alphabet = ["a", "b", "c", "d", "e"]
alphabet.append("f")
print(alphabet)
```

Out

```
['a', 'b', 'c', 'd', 'e', 'f']
```

将包含字母 a 到 e 的列表赋值给变量 alphabet。接下来使用 append 方法添加字母 f。输出变量的值时，结果也输出了添加的字母 f。

在某些情况下，类似的情况也可以在内置函数或方法中实现。例如，"内置函数的 sorted"和"方法 sort"。两者都是用于排序问题的函数或方法。

那么，我们就来看一下 sorted 是如何使用的（见清单 7.9）。将数字顺序为 1、5、3、4、2 的列表赋值给变量 number。使用 sorted() 对其进行排序。执行 print(sorted(number)) 输出顺序为 1、2、3、4、5，数字按从小到大排列。

再次执行 print(number)，输出保持不变，顺序为 1、5、3、4、2。

清单 7.9 sorted 使用示例

In
```
number = [1, 5, 3, 4, 2]
print(sorted(number))
print(number)
```

Out
```
[1, 2, 3, 4, 5]
[1, 5, 3, 4, 2]
```

接着，让我们来看看方法 sort 的使用示例（见清单 7.10）。同样地，将列表 1、5、3、4、2 赋值给变量 number。然后使用 number.sort() 对 number 中列表的元素进行排序。因此，与上文不同，此时执行 print(number) 输出排序后的数字 1、2、3、4、5。

如上所示，同样的 sort 操作，不同点在于执行 print(number) 时，值是否会发生变化。也就是说，sorted 不改变变量内容本身，而 sort 则改变了变量内容。因此，改变列表内容的 sort 方法在编程世界有时被称作破坏性的方法。

清单 7.10 sort 使用示例

In
```
number = [1, 5, 3, 4, 2]
number.sort()
print(number)
```

Out
```
[1, 2, 3, 4, 5]
```

问题

请回答下面的问题。

- 回答清单 7.11 和清单 7.12 中代码的输出结果。

第 1 题

清单 7.11 第 1 题

In
```
alphabet = [ "b", "a", "e", "c", "d"]
sorted(alphabet)
print(alphabet)
```

第 2 题

清单 7.12 第 2 题

In

```
alphabet = [ "b", "a", "e", "c", "d"]
alphabet.sort()
print(alphabet)
```

解答示例

第 1 题中，给变量 alphabet 赋值一个按 b、a、e、c、d 顺序排列的字符串。在 sorted(alphabet) 之后执行 print(alphabet)。

第 2 题中，对于同样的列表，在方法 sort() 操作之后，执行 print(alphabet)。

第 1 题中因为使用了 sorted() 函数，alphabet 的内容没有改变，所以 print(alphabet) 按原始顺序输出。

第 2 题中则使用了 sort() 方法，alphabet 内容发生了改变。因此 print(alphabet) 输出重新排列顺序的 a、b、c、d、e。

第 1 题的正确答案见清单 7.13，输出结果原始顺序 b、a、e、c、d，而第 2 题的正确答案见清单 7.14，输出结果为改变顺序后的 a、b、c、d、e。

清单 7.13 第 1 题解答示例

In

```
alphabet = [ "b", "a", "e", "c", "d"]
sorted(alphabet)
print(alphabet)
```

Out

```
['b', 'a', 'e', 'c', 'd']
```

清单 7.14 第 2 题解答示例

In

```
alphabet = [ "b", "a", "e", "c", "d"]
alphabet.sort()
print(alphabet)
```

Out

```
['a', 'b', 'c', 'd', 'e']
```

7.3 字符串类型的方法

前面的章节介绍了函数和方法的不同点。本节将讲述字符串类型的方法。

关于字符串类型的方法

这里我们注重介绍 upper() 方法和 count() 方法。

upper() 方法可以将字符串全部变为大写字母并返回。而 count() 方法可以返回对象变量字符串中包含 () 中指定字符的数量。使用方法如语法 7.2 所示。

语法 7.2

```
变量.upper()
变量.count( 待计数的变量 )
```

具体示例见清单 7.15。

清单 7.15 upper() 方法和 count() 方法示例

In
```
city = "Tokyo"
print(city.upper())
print(city.count("o"))
```

Out
```
TOKYO
2
```

在清单 7.15 的例子中，将字符串 Tokyo 赋值给变量 city，执行 print(city.upper())，city 的内容全部变为大写字符，输出为 TOKYO。

接下来使用 print(city.count("o")) 语句显示小写字母 o 的个数。由于 upper() 方法不是破坏性的方法，city 中保留了两个小写字母 o，所以输出为 2。

问题

请回答下面的问题（见清单 7.16）。

- 将变量名 animal 存储在变量 animal_big 中。存储时请将字符串替换为大写字母。
- 输出变量 animal 中字母 e 的个数。请使用 print() 函数输出。

清单 7.16 问题

In

```
animal = "elephant"

# 将变量名 animal 存储在变量 animal_big 中。存储时请将字符串替换为大写字母

print(animal)
print(animal_big)

# 输出变量 animal 中字母 e 的个数。请使用 print() 函数输出
```

解答示例

一起来解答这个问题吧。

将字符串 elephant 赋值给变量 animal。接下来，把变量 animal 中储存的字符串替换为大写字母存储在变量 animal_big 中。使用 upper() 方法变更字符串的大写字母。对于 animal_big，调用字符串型的 upper() 方法。这样，elephant 就可以返回为大写字母。在输出 animal 和 animal_big 后，继续输出变量 animal_big 中存在几个字母 e，即 print(animal.count("e"))。

运行代码，变量 animal 输出小写字母的字符串 elephant，接着 animal_big 使用了 upper() 方法输出大写字母的字符串，而由 animal.count("e") 可知 elephant 中存在两个字母 e（见清单 7.17）。

清单 7.17 解答示例

In

```
animal = "elephant"

# 将变量名 animal 存储在变量 animal_big 中。存储时请将字符串替换为大写字母
animal_big = animal.upper()

print(animal)
print(animal_big)

# 输出变量 animal 中字母 e 的个数。使用 print() 函数输出
print(animal.count("e"))
```

Out

```
elephant
ELEPHANT
2
```

7.4 字符串类型的方法（format）

本节将讲述字符串类型的方法（format）。

关于字符串类型的方法（format）

除了上节介绍的方法之外，字符串类型还有其他便利的方法，如 format() 方法。format() 方法可以将任意值填充到字符串制作的模型，并生成字符串，其经常用于将变量嵌入字符串中。使用时需要在字符串中添加 {}，{} 中可以填充任意值（见清单 7.18）。

清单 7.18 format() 方法示例

In

```
print("我在{}出生、在{}长大".format("东京","埼玉"))
```

Out

```
我在东京出生，在埼玉长大
```

让我们来看一下清单 7.18 中的例子吧。这个例子使用了程序语句 print(" 我在 {} 出生，在 {} 长大 ".format(" 东京 "," 埼玉 "))。输出结果为"我在东京出生，在埼玉长大"。在两个 {} 的地方，从左到右依次填入了 format 的第 1 个东京和第 2 个埼玉，因此输出结果为"我在东京出生，在埼玉长大"。

问题

请回答下面的问题（见清单 7.19）。

- 使用 format() 方法输出"banana 是 yellow 的"。
- 使用 print() 函数输出。

清单 7.19 问题

In

```
fruit = "banana"
color = "yellow"

# 使用 format() 方法输出 "banana 是 yellow 的"
```

解答示例

一起来回答这个问题吧。

将字符串banana、yellow分别赋值给变量fruit、color。如问题所示,需要输出banana是yellow的。我们可以在print()函数中,使用format()方法输出banana和yellow。{}为半角的大括号。接下来使用.format输出变量fruit和color。

运行代码,输出"banana是yellow的",其中banana是变量fruit的内容,而yellow则是变量color中的内容(见清单7.20)。

清单7.20 解答示例

In

```
fruit = "banana"
color = "yellow"

# 使用format()方法输出"banana是yellow的"
print("{}是{}的".format(fruit, color))
```

Out

```
banana是yellow的
```

7.5 列表类型的方法（index）

本节将介绍列表类型的方法（index）。

关于列表类型的方法（index）

我们在第3章中讲过，列表类型存在索引号。索引号是从0开始对列表内容进行计数的数字。

index() 方法是用于查找所需对象索引号上的方法。

此外，列表类型也可以使用 7.3 节中讲到的 count() 方法，使用方法见清单 7.21。

清单 7.21 index() 和 count() 方法示例

In
```
alphabet = [ "a", "b", "c", "d", "e"]
print(alphabet.index("a"))
print(alphabet.count("d"))
```

Out
```
0
1
```

让我们来看一下清单 7.21 的例子吧。将列表 a、b、c、d、e 赋值给变量 alphabet。首先使用 print(alphabet.index("a")) 可以输出 a 的索引号在第几个。a 是第 0 个，所以输出 0。

接着使用 print(alphabet.count("d")) 可以输出该列表中有几个字母 d，由于 d 只有 1 个，所以这里的输出为 1。

问题

请回答下面的问题（见清单 7.22）。

- 输出字符串"2"的索引号。
- 输出变量 n 中"6"的个数。
- 使用 print() 函数输出。

清单 7.22 问题

In
```
n = [ "3", "6", "8", "6", "3", "2", "4", "6"]
```

输出字符串"2"的索引号

输出变量n中"6"的个数

解答示例

一起来解答这个问题吧。

将列表"3"、"6"、"8"、"6"、"3"、"2"、"4"、"6"赋值给变量n。首先输出2的索引号。这里使用列表的index()方法,输出"2的索引号"。接着输出变量n中6的个数。这里使用n的列表的count()方法输出。运行代码,结果输出2的索引号为5,6的个数为3(见清单7.23)。

清单7.23 解答示例

In

```
n = [ "3", "6", "8", "6", "3", "2", "4", "6"]

# 输出"2"的索引号
print(n.index(2))

# 输出变量n中"6"的个数
print(n.count(6))
```

Out

```
5
3
```

7.6 列表类型的方法（sort）

本节将介绍列表类型的方法（sort）。

关于列表类型的方法（sort）

经常作为列表类型方法使用的还有 7.2 节函数与方法中涉及的 sort() 方法。sort() 方法可以按从小到大的顺序对列表进行排列。而使用 reverse() 方法可以反转列表中元素的顺序。注意，使用 sort() 方法将改变列表的内容。如果只是单纯地想要引用一个排序列表，可以使用内置函数 sorted()。sort() 方法使用示例见清单 7.24。

清单 7.24 sort() 方法使用示例

In
```
list = [1, 10, 2, 20]
list.sort()
print(list)
```

Out
```
[1, 2, 10, 20]
```

请看清单 7.24 中 sort() 方法使用示例。将列表 1、10、2、20 赋值给变量 list。使用 sort() 方法，即 list.sort()，列表中的内容重新排序。使用 print() 函数输出列表，得到了从小到大排序的输出 1、2、10、20。reverse() 方法使用示例见清单 7.25。

清单 7.25 reverse() 方法使用示例

In
```
list = ["あ","い","う","え","お"]
list.reverse()
print(list)
```

Out
```
['お', 'え', 'う', 'い', 'あ']
```

接下来我们来看清单 7.25 中 reverse() 的例子。这次变量 list 中有 "あ","い","う","え","お" 元素。如果使用 reverse() 方法，则列表的内容将按相反的顺序排列。因此 print() 函数输出为 'お','え','う','い','あ'。

问题

请回答下面的问题（见清单 7.26）。

- 对变量 n 中的值排序，使其按照数字从小到大的顺序输出。
- 使用 n.reverse() 方法，反转升序排列后的变量 n 中的元素顺序，使其按照数字从大到小的顺序输出。
- 使用 print() 函数输出。

清单 7.26 问题

In

```
n = [53, 26, 37, 69, 24, 2]

# 对变量 n 中的值排序，使其按照数字从小到大的顺序输出

print(n)

# 使用 n.reverse() 方法，反转升序排列后的变量 n 中的元素顺序，➡使其按照数字从大到小的顺序输出

print(n)
```

解答示例

一起来解答这个问题吧。

将列表 53、26、37、69、24、2 赋值给变量 n。现在将变量 n 中的元素排序，并按照从小到大的顺序输出。使用 sort() 方法，写作 n.sort() 即可。

接着，对于排序过的、数字为升序的列表，需要反转变量 n 中元素的顺序，使其都能按数字从大到小的顺序输出，这里使用 reverse() 方法即可实现反转。

运行代码，第 1 个 print() 函数升序输出列表元素，而第 2 个 print() 函数则降序输出数字（见清单 7.27）。

清单 7.27 解答示例

In

```
n = [53, 26, 37, 69, 24, 2]

# 对变量 n 中的值排序，使其按照数字从小到大的顺序输出
n.sort()
print(n)
```

```
# 使用 n.reverse() 方法，反转升序排列后的变量 n 中的元素顺序， ➡使其按照数字从大到小
的顺序输出
n.reverse()
print(n)
```

Out

```
[2, 24, 26, 37, 53, 69]
[69, 53, 37, 26, 24, 2]
```

7.7 定义一个函数

本节将讲述函数的定义方法。

函数的定义方法

清单 7.28 展示了一个简单的空参数函数。试着观察函数的编写和调用方法吧。

清单 7.28 函数定义示例

In

```
def sing():
    print("唱歌！")

sing()
```

Out

```
唱歌！
```

请看清单 7.28 中的例子。函数的定义方法如语法 7.3 所示。

语法 7.3

```
def  函数名称：
```

这里定义了一个名为 sing 的函数。请不要忘记末尾的：（冒号）。然后缩进 4 个半角空格，书写函数的内容。这里函数的内容为 print(" 唱歌 !")。

接着，当我们调用函数的时候，写作 "函数名称 ()"，例子中为 sing()。输出函数的内容，即为 "唱歌!"。

问题

请回答下面的问题（见清单 7.29）。

- 定义函数 introduce 并输出 "我叫 Yamada"。
- 使用 print() 函数输出。

清单 7.29 问题

In

```
# 请定义函数 introduce 并输出 "我叫 Yamada"
```

```python
# 请调用函数
introduce()
```

解答示例

一起来解答这个问题吧。

想要定义并使用函数输出"我叫 Yamada",首先我们要用 def 定义函数,使用 introduce 作为函数名。由于没有参数,只需写下 ()(括号)。接着,写下 :(冒号),缩进,编写语句 print(" 我叫 Yamada")。执行 introduce() 即可输出"我叫 Yamada"(见清单 7.30)。

> ⓘ 注意
>
> **命名错误**
>
> 例如,如果显示 introduce is not defined 错误,则可能是调用时编写的函数名称拼写错误。此时需要再次检查函数名称,然后执行。

清单 7.30 解答示例

In

```python
# 请定义函数 introduce 并输出" 我叫 Yamada"
def introduce():
    print(" 我叫 Yamada")

# 请调用函数
introduce()
```

Out

我叫 Yamada

7.8 参数

本节将讲述参数的相关内容。

关于参数

7.7 节函数的定义中讲述了空参数函数的例子,而参数是传递给函数的值。通过传递参数,才可以在函数中使用该值。

使用 def 函数名 (参数): 这样的语句指定参数。然后,就可以在调用函数时指定参数,并将其写为函数名称(参数)。此参数将被赋给参数中指定的变量,因此只需更改参数即可更改输出。需要注意的是,在函数中定义的参数和变量只能在函数中使用。

清单 7.31 中列出了具有单个参数的函数。请观察函数的编写及调用方法。

清单 7.31 参数设置示例

In
```
def introduce(name):
    print("我叫" + name)

introduce("Yamada")
```

Out

我叫 Yamada

让我们来看一下清单 7.31 中的示例。定义函数 introduce,def introduce(name),指定参数为 name。使用 print(" 我叫 "+name) 输出 name 的值。当调用时,指定 introduce ("Yamada")和字符串 Yamada,并将 name 设置为参数名称。输出结果为"我叫 Yamada"。

问题

请回答下面的问题(见清单 7.32)。

- 使用参数 n 定义表示参数 3 次方值的函数 cube_cal。

清单 7.32 问题

In
```
# 使用参数 n 定义表示参数 3 次方值的函数 cube_cal
```

```
# 调用函数
cube_cal(4)
```

解答示例

一起来解答这个问题吧。

使用参数 n 定义表示参数 3 次方值的函数。

首先我们来定义函数。使用语句 def cube_cal, 指定参数 n。接着计算 n 的 3 次方并输出。3 次方需要使用 **（2 个星号）。执行代码, cube_cal(4) 输出 4 的 3 次方, 即 64（见清单 7.33）。

清单 7.33 解答示例

In

```
# 使用参数 n 定义表示参数 3 次方值的函数 cube_cal
def cube_cal(n):
    print(n**3)

# 调用函数
cube_cal(4)
```

Out

```
64
```

7.9 多个参数

本节将讲述多个参数定义函数的情况。

关于多个参数

定义函数时,在()中使用多个参数并用,(逗号)分隔可以传递多个参数。
清单 7.34 中是具有两个参数的例子。请观察其中函数的编写及调用方法。

清单 7.34 多个参数使用示例

In

```
def introduce(first, second):
    print("我姓" + first + ",名" + second)

introduce("Yamada", "Taro")
```

Out

```
我姓Yamada, 名Taro
```

首先使用参数 first、second 定义函数 introduce。在函数中 print("我姓 "+first+", 名 "+second)。

使用 introduce("Yamada","Taro") 和两个参数调用函数。输出结果显示"我姓 Yamada, 名 Taro"。

执行函数中的程序语句时,first 的位置替换为 Yamada,而 second 的位置替换为 Taro,并通过 print() 函数输出。

问题

请回答下面的问题(见清单 7.35)。

- 使用第 1 个参数 name、第 2 个参数 age 定义函数 introduce,并输出"我是 ~。今年 ~ 岁"。
- 在函数 introduce 中使用"Yamada""18"作为参数调用该函数。

清单 7.35 问题

In

```
# 使用第 1 个参数 name、第 2 个参数 age 定义函数 introduce,➡并输出"我是 ~。今
```

年~岁"

在函数 introduce 中使用 "Yamada" "18" 作为参数调用该函数

解答示例

一起来解答这个问题吧。

这个题目与上文示例中的解说很相似，这里省略详细的说明。按清单 7.36 所示执行代码，可以得到输出"我是 Yamada。今年 18 岁"。

清单 7.36 解答示例

In

```
# 使用第1个参数 name、第2个参数 age 定义函数 introduce, ➡并输出 " 我是 ~。今年 ~ 岁 "
def introduce(first, second):
    print(" 我是 " +first +"。今年 "+second + " 岁 ")

# 在函数 introduce 中使用 "Yamada" "18" 作为参数调用该函数
introduce("Yamada","18")
```

Out

我是 Yamada。今年 18 岁

7.10 参数的默认值

本节将讲述参数的默认值。

关于参数的默认值

我们可以通过在 () 使用参数 = 默认值来为参数设置默认值。当调用设置了默认值的函数时，如果省略参数，则可使用默认值作为替代值。

默认值的设置见清单 7.37。请观察函数的定义及调用方式。

清单 7.37 参数默认值的设定示例

In
```
def introduce(first = "Yamada", second = "Taro"):
    print("我姓" + first + ",名" + second)

introduce("Suzuki")
```

Out
```
我姓 Suzuki, 名 Taro
```

让我们来看一下清单 7.37 中的示例吧。通过程序语句 def introduce(first = "Yamada", second = "Taro"): 设置 first 的默认值为 Yamada、second 的默认值为 Taro。然后执行程序语句 print(" 我姓 "+first+", 名 "+second)。

仅使用第 1 个参数 Suzuki 来执行这个函数，输出"我姓 Suzuki，名 Taro"。这是因为第 1 个参数使用了 Suzuki，而第 2 个参数使用了默认值 Taro。

但是需要注意的是，设置了默认值的参数后面，不能再跟没有设置默认值的参数。即，我们可以这样定义函数：

```
def introduce (first,second = "Taro"):
    print("我姓" + first + ",名" + second)
```

而不能这样定义函数：

```
def introduce (first = "Suzuki",second):
    print("我姓" + first + ",名" + second)
```

错误的设置会导致如下错误提示：

```
SyntaxError: non-default argument follows default argument
```

如果为前一个参数设置了默认值,则必须为后面的参数设置默认值。

问题

请回答下面的问题(见清单 7.38)。

- 为参数 name 设置默认值 Yamada。
- 在仅使用参数"18"的条件下调用函数。

清单 7.38 问题

In

```python
# 为参数 name 设置默认值 Yamada
def introduce(age, name):
    print("我叫" + name + "。今年" + str(age) + "岁")

# 在仅使用参数 "18" 的条件下调用函数
```

解答示例

一起来解答这个问题吧。

首先用程序语句 def introduce(age,name): 定义函数。接着 print(" 我叫 "+name+"。今年 "+str(age)+" 岁 ")。参数 name 的默认值设置为 Yamada,name = "Yamada"。

然后使用参数 18 调用函数,可以输出"我叫 Yamada。今年 18 岁"。

运行代码,输出结果使用了默认值,输出"我叫 Yamada。今年 18 岁"(见清单 7.39)。

清单 7.39 解答示例

In

```python
# 请为参数 name 设置默认值 Yamada
def introduce(age, name = "Yamada"):
    print("我叫" + name + "。今年" + str(age) + "岁")

# 请在仅使用参数 "18" 的条件下调用函数
introduce(18)
```

Out

```
我叫 Yamada。今年 18 岁
```

7.11 return

本节将讲述 return 的相关内容。

关于 return

函数中可以设置返回值并将其传递给函数的调用者。具体书写方式如语法 7.4 所示。

语法 7.4

```
return 返回值
```

如清单 7.40 所示，我们可以在 return 之后写下需要返回的值。

清单 7.40 return 示例①

In

```python
def introduce(first = "Yamada", second = "Taro"):
    return "我姓" + first + ",名" + second

print(introduce("Suzuki"))
```

Out

```
我姓 Suzuki,名 Taro
```

一起来看清单 7.40 中的例子吧。使用语句 def introduce 定义函数。分别为参数设置默认值，first = "Yamada", second = "Taro"。接着，使用 return 向调用者返回字符串 (" 我姓 "+first+", 名 "+second)。运行代码，使用 print(introduce("Suzuki")) 调用函数。输出 "我姓 Suzuki，名 Taro"。在代码中，这个字符串被设置为 introduce 的返回值，并由 print() 函数输出。

在 return 后排列大量的字符，会使函数变得难以分辨，所以我们也可以像清单 7.41 那样，定义一个变量，并使用变量返回。

清单 7.41 return 示例②

In

```python
def introduce(first = "Yamada", second = "Taro"):
    comment = "我姓" + first + "。名" + second
    return comment
```

```
print(introduce("Suzuki"))
```

Out

我姓 Suzuki，名 Taro

让我们来看清单 7.41 的例子。使用程序语句 def introduce 定义函数。将字符串 " 我姓 "+first+"。名 "+second 赋值给变量 comment。接着 return comment 将变量 comment 返回。像清单 7.40 中那样 print(introduce("Suzuki"))，输出"我姓 Suzuki，名 Taro"。

问题

请回答下面的问题（见清单 7.42）。

- 定义一个计算身体质量指数 bmi 的函数，使用 bmi 的值作为返回值。

$$bmi = \frac{体重（weight）}{身高（height）^2}$$

使用 weight、height 两个变量。

清单 7.42 问题

In

```
# 定义一个计算身体质量指数 bmi 的函数，使用 bmi 的值作为返回值
def bmi(height, weight):


print(bmi(1.65, 65))
```

解答示例

一起来解答这个问题吧。

首先定义计算 bmi 的函数，def bmi。接着按照身高、体重的顺序定义参数。将 bmi 的计算结果赋值给变量 value。这里 value = weight/height**2。然后 return 变量 value 即可。执行 print(bmi(身高、体重))。

运行代码，bmi 输出见清单 7.43。

清单 7.43 解答示例

In

```
# 定义一个计算身体质量指数 bmi 的函数，使用 bmi 的值作为返回值
```

```python
def bmi(height, weight):
    value = weight / height**2
    return value

print(bmi(1.65, 65))
```

Out

23.875114784205696

7.12 函数的 import

本节将讲述函数的 import。

关于函数的 import

除了自己创建的函数之外,Python 还允许使用公开的函数。用途相似的函数汇成一组,称为包。其中的每个文件都被称为模块,模块中包含函数。在此,我们将以 datetime 包为例进行说明。

请看图 7.1 中关于 datetime 包的说明。datetime 中有 datetime、timedelta、time 等模块。time 模块中包含有 time()、sleep()、location() 函数。

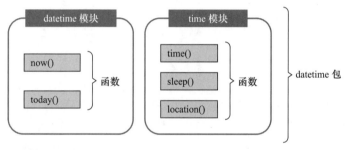

图 7.1 模块与包

time 模块包含与时间相关的公开函数,如输出当前运行的时间或程序停止的时间。在图 7.1 中,虽然只列举了三个函数,但实际上包含数十个可以在程序中使用的函数。

包通过 import 导入后才能在程序中使用。若要使用包中的模块,请参照语法 7.5 和语法 7.6。

语法 7.5

```
import 包
```

语法 7.6

```
from 包 import 模块
```

例如,使用 datetime 包输出现在的时间(见清单 7.44)。

清单 7.44 import 使用示例①

In

```
# 导入datetime包
import datetime

# 使用datetime.now()函数获取现在的时间
now_time = datetime.datetime.now()

print(now_time)
```

Out

```
2019-03-06 17:21:36.685879
```

首先，通过 import datetime 导入 datetime 包。接着，使用 datetime.datetime 模块中的函数 now() 获取现在的时间。将获得的时间赋值给 now_time。

然后输出变量 now_time。

使用模块时也可以省略包的名称（见清单 7.45）。

清单 7.45 import 使用示例②

In

```
# 使用from导入datetime包
from datetime import datetime

# datetime包已导入，因此可以省略包名称
now_time = datetime.now()

print(now_time)
```

Out

```
2019-03-06 17:21:13.453676
```

在清单 7.45 的例子中，from 包 import 模块只能导入 import 后的模块。像上个例子那样，我们再来输出现在的时间。这里 from datetime import datetime 从 datetime 包中导入 datetime 模块。因为使用了 from 导入，代码中省略了包名，仅使用 datetime.now()。

包都有哪些种类呢？PyPI 是 Python 的一个包管理系统。从中安装已公开发布的包，即可在程序中使用。

使用 pip 包管理工具进行安装是众所周知的。从 Anaconda Navigator 单击进入创建的虚拟环境，然后选择 "Open Terminal"。在终端上，键入 pip install 包名称以完成安装私人计算机上编程需要的包（有关安装的信息，请参阅本文档中的 Prologue）。

问题

请回答下面的问题（见清单 7.46）。

- 使用 from 导入 datetime 包的 datetime 模块。
- 使用 today() 打印当前的日期和时间。

清单 7.46 问题

In

```
# 使用 from 导入 datetime 包的 datetime 模块
from      import

# 将现在的日期和时间赋值给 now_time
now_time =

print(now_time)
```

解答示例

一起来解答这个问题吧。

首先，使用 from 导入 datetime 模块。代码为 from datetime import datetime。然后将 datetime.today() 的返回结果分配给变量 now_time，接着 print(now_time) 输出当前的时间（见清单 7.47）。

清单 7.47 解答示例

In

```
# 使用 from 导入 datetime 包的 datetime 模块
from datetime import datetime

# 将现在的日期和时间赋值给 now_time
now_time = datetime.today()

print(now_time)
```

Out

```
2019-03-06 17:23:10.424494
```

第 8 章 对象和类

　　本章是 Python 入门篇的最后一章，将讲述对象和类的相关内容，第 8.4 节还将讨论字符串的格式设置。

8.1 对象

本节将讲述对象的相关内容。

什么是对象

在 Python 中，构成代码的所有元素（变量或函数）都被视为对象。对象是其自身的值（成员）或其自身的处理（方法）的集合。例如，列表类型对象可以用作数组，有以下构造：

- 数组的元素等成员
- 添加元素的 append() 或对元素排序的 sort() 等方法

把所有元素作为对象来处理有以下两种处理过程：

- 值的存储
- 值的处理

基于这种想法的编程语言被称为面向对象语言，除了 Python 之外，还有 Java 和 Ruby 等语言。

与 C 语言面向过程或者其他语言不同，其对上述两种任务有不同的处理方式。粗略地说，值的存储由变量负责，值的处理由函数负责。表面上看 Python 似乎是这种类型，但其实它是最古老的面向对象的语言。

问题

请回答下面的问题。

- 对于清单 8.1 中使用了字典类型对象的代码，选项中成员和方法的描述哪一个不正确？

清单 8.1 问题

In

```
# 定义函数类型对象 dic_cap
dic_cap = {"Japan": "Tokyo", "Korea": "Seoul"}

# 获取 dic_cap 键 (dic_cap.keys())，并将其存储在 cap_keys 中
cap_keys = dic_cap.keys()
```

1）通过第 5 行 dic_cap.keys() 的处理，可知 dic_cap 具有 keys() 方法。
2）由于 dic_cap 是字典类型对象，所以不能使用列表类型对象方法 sort()。
3）cap_keys 是从 dic_cap 创建的对象，所以它是字典类型对象。
4）因为 dic_cap 为字典类型，所以它的成员包含键和值。键为 "Japan"、"Korea"，值为 "Tokyo"、"Seoul"。

解答示例

一起来解答这个问题吧。

首先，将指定的字典赋值给 dic_cap，其中键 Japan 的值为 Tokyo，键 Korea 的值为 Seoul。然后获取 dic_cap 的键，并将其存储在 cap_keys 中。其中，cap_keys 被赋值为 dic_cap.keys()。

让我们来看看每个选项。

选项 1）"通过第 5 行 dic_cap.keys() 的处理，可知 dic_cap 具有 keys() 方法。"这是正确的。

选项 2）"由于 dic_cap 是字典类型对象，所以不能使用列表类型对象方法 sort()。"这也是正确的。

选项 3）"cap_keys 是从 dic_cap 创建的对象，所以它是字典类型对象。" cap_keys 不局限于字典类型，这个选项是错误的。

选项 4）"因为 dic_cap 为字典类型，所以它的成员包含键和值。键为 "Japan"、"Korea"，值为 "Tokyo"、"Seoul"。" 这个说法也是正确的。

综上可知，错误的说法为选项 3）。

8.2 类（成员和构造方法）

本节将讲述类的成员和构造方法。

什么是类的成员和构造方法

每个对象都有一个特定的值和一个特定的操作。确定值和操作，需要一个设计图来确定对象的结构。这个设计图称作类。list 对象也是由 list 类设计的，可以执行特定的操作。

现在，我们来考虑具有以下结构的对象：

- 对象"产品"的内容
  - list 对象　MyProduct
- 成员
  - 产品名称 :name
  - 价格 :price
  - 库存 :stock
  - 出售 :sales

要定义此产品对象 MyProduct，可以像清单 8.2 所示定义类。

清单 8.2 定义的类

In

```python
# 定义 MyProduct 类
class MyProduct:
    # 定义构造函数（构造函数相关内容请参照下页）
    def __init__(self, name, price):
        # 将参数存储在成员中
        self.name = name
        self.price = price
        self.stock = 0
        self.sales = 0
```

首先，将 MyProduct 类定义为 MyProduct。请注意不要忘记 :（冒号）。键入 def、1 个半角空格、2 个 _（下划线）、init 和 2 个 _（下划线）来定义构造函数。类的成员函数使用 self、name、price 作为参数。

在构造函数中，参数存储在成员中。首先，self.name 定义了一个名为 name 的成员。类似地，self.price 将 price 存储在成员中。接着定义不在参数中的 self.stock 和 self.sales，并为其赋值 0。

定义的类只是一个设计图,需要我们调用这些类才能创建对象。对象的创建见清单 8.3。

清单 8.3 定义的类

In

```
# 调用 MyProduct 并生成 product1
product1 = MyProduct("cake", 500)
```

通过 MyProduct() 为对象 product1 指定参数调用构造函数。在本例中,将生成 MyProduct 类的对象,其中 name 为 cake,price 为 500。

调用类时使用的方法称作构造函数。构造函数在类的定义中通过 __init__ 定义。

在类中的成员,需要在变量名前添加 self.,例如 self.price。此外,构造函数的第一个参数必须是 self。

在清单 8.3 中的示例中,当调用 MyProduct 时,构造函数将以参数 name=cake 和 price=500 的形式运行,并且每个参数将初始化每个成员 name 和 price。

引用创建对象的成员时,可以对象.变量名的形式直接引用。直接引用也允许变更成员。

问题

请回答下面的问题(见清单 8.4)。

- 修改 MyProduct 类的构造函数,以便在调用类时可以指定 name、price 和 stock 的默认值。每个参数的名称应如下所示。

  - 产品名:`name`
  - 价格:`price`
  - 库存:`stock`

- 直接引用 product_1 中的 stock 并将其输出。

清单 8.4 问题

In

```
# 定义 MyProduct 类
class MyProduct:
    # 修改构造函数
    def __init__():
        # 将参数存储在成员中
```

```
        self.sales = 0

# 调用MyProduct，创建对象product_1


# 请输出product_1的stock
```

解答示例

一起来解答这个问题吧。

使用语句 class MyProduct: 定义类 MyProduct。然后定义构造函数，def __init__，使用 self、name、price、stock 作为参数。

然后将这些参数存储在每个成员中。self.name = name、self.price = price、self.stock = stock（self.sales = 0）。至此，构造函数就定义完成了。

接下来，调用 MyProduct，创建对象 product_1。分别为 name、price、stock 设置参数为 cake、500、20。通过 print() 函数的参数 product_1.stock 引用成员，执行程序语句可得库存为 20（见清单 8.5）。

清单 8.5 解答示例

In

```python
# 定义MyProduct类
class MyProduct:
    # 修改构造函数
    def __init__(self, name, price, stock):
        # 将参数存储在成员中
        self.name = name
        self.price = price
        self.stock = stock
        self.sales = 0

# 调用MyProduct，创建对象product_1
product_1 = MyProduct("cake", 500, 20)

# 输出product_1的stock
print(product_1.stock)
```

Out

```
20
```

8.3 类(方法)

本节将讲述类(方法)的相关内容。

什么是类(方法)

8.2 节中定义的类没有使用方法。本节中,我们来定义 MyProduct 类的方法。

方法
- 采购 n 个产品、更新库存
  - buy_up(n)
- 销售 n 个产品、更新库存及销售情况
  - sale(n)
- 输出产品的概要
  - summary()

如果将上述方法添加到清单 8.5 类的定义中,可以如清单 8.6 所示编写代码。

清单 8.6 类定义的添加示例

In

```
# 定义 MyProduct 类
class MyProduct:
    def __init__(self, name, price, stock):
        self.name = name
        self.price = price
        self.stock = stock
        self.sales = 0
    # 采购方法
    def buy_up(self, n):
        self.stock += n
    # 出售方法
    def sale(self, n):
        self.stock -= n
        self.sales += n*self.price
    # 概要方法
    def summary(self):
        message = "called summary().\n name: " + ➡
self.get_name() + \
```

```
        "\n price: " + str(self.price) + \
        "\n stock: " + str(self.stock) + \
        "\n sales: " + str(self.sales)
    print(message)
```

清单 8.6 的例子在 MyProduct 类中定义了方法。

首先，采购方法 buy_up 采用参数 n，在 self.stock 加上 n。

销售方法 sale 从 self.stock 中减去 n。并在 self.sales 中加上 price 乘以 n 的值。

而概要方法 summary，则将对象的内容赋值给变量 message 并使用 print() 函数输出。

与构造函数一样，方法定义必须以 self. 开头，并将 self 作为第一个参数。除此之外，其他部分可以像编写普通函数定义一样编写。

调用方法时使用"对象.方法名"的形式。

虽然可以直接引用成员，但这也是一种不适合面向对象的趋势。创建不容易改变的成员被认为是良好的类设计的基础，并且如果正在使用面向对象的语言，则尽可能地遵循它。

问题

请回答下面的问题（见清单 8.7）。

- 将以下方法添加到 MyProduct 类中：
  - 检索并返回 name 的值：
    get_name()
  - 将 price 减去 n：
    discount()
- 将生成的 product_2 的 price 减少 5000 日元，并使用 summary() 方法输出其概要。

清单 8.7 问题

In

```python
# 定义 MyProduct 类
class MyProduct:
    def __init__(self, name, price, stock):
        self.name = name
        self.price = price
        self.stock = stock
        self.sales = 0
    # 概要方法
    def summary(self):
        message = "called summary().\n name: " + ➡
```

```python
        self.get_name() + \
            "\n price: " + str(self.price) + \
            "\n stock: " + str(self.stock) + \
            "\n sales: " + str(self.sales)
        print(message)

    # 创建返回 name 的 get_name()
    def get_name():

    # 创建仅减少参数数值 price 的 discount()
    def discount():

product_2 = MyProduct("phone", 30000, 100)
# 只减少 5000 折扣

# 输出 product_2 的 summary
```

解答示例

一起来解答这个问题吧。

首先定义类 MyProduct:。在类 MyProduct 中定义可以返回 name 的 get_name()。可以使用 return 来返回 name，并使用 self.name 引用 name。

接着，定义只减少 price 参数数值的 discount。在 discount 中需要使用参数 self 和 n，(self,n)。然后使用 self.price 来引用 price，将其减少 n。

然后将创建的 product_2discount（折扣）5000（日元）。在本例中，只需要将 discount() 方法添加到 product_2 中。将参数设置为 5000（日元）。然后输出 product_2 的 summary（概要）。

执行程序代码，输出 class 的 summary。Name 为 phone、价格从 30000（日元）折价 5000（日元）降为 25000（日元）、stock 为 100、sales 为 0（见清单 8.8）。

清单 8.8 解答示例

In

```python
# 定义 MyProduct 类
class MyProduct:
    def __init__(self, name, price, stock):
        self.name = name
        self.price = price
        self.stock = stock
        self.sales = 0
```

```python
    # 概要方法
    def summary(self):
        message = "called summary().\n name: " + \
self.get_name() + \
        "\n price: " + str(self.price) + \
        "\n stock: " + str(self.stock) + \
        "\n sales: " + str(self.sales)
        print(message)

    # 创建返回 name 的 get_name()
    def get_name(self):
        return self.name

    # 创建仅减少参数数值 price 的 discount()
    def discount(self, n):
        self.price -= n

product_2 = MyProduct("phone", 30000, 100)
# 只减少 5000 折扣
product_2.discount(5000)
# 输出 product_2 的 summary
product_2.summary()
```

Out

```
called summary().
 name: phone
 price: 25000
 stock: 100
 sales: 0
```

8.4 字符串的格式化

本节将讨论如何将字符串格式化。

关于字符串的格式化

在 7.4 节中，我们使用字符串类型的 format() 方法来格式化字符串。在 Python 中，还有其他格式化字符串的方法。

我们可以通过在双引号或单引号中包含的字符串中输入运算符 % 来传递字符串后面的对象。

- %d：以整数型显示
- %f：以小数型显示
- %.2f：显示到小数点后 2 位
- %s：显示为字符串

让我们来看一个具体的例子（见清单 8.9）。

清单 8.9 格式化字符串示例

In

```
pai = 3.141592
print(" 圆周率是 %f" % pai)
print(" 圆周率是 %.2f" % pai)
```

Out

```
圆周率是 3.14159
圆周率是 3.14
```

在清单 8.9 的例子中，将值 3.141592 赋给变量 pai。圆周率为 3.14159（在 Jupyter Notebook 中，浮点数显示到小数点后的第 5 位），print(" 圆周率是 %f"%pai) 即可输出数值。下一句 print(" 圆周率是 %.2f"%pai)，则输出到小数点后第 2 位，即 3.14。

问题

请回答下面的问题（见清单 8.10）。

- 填入代码中的 __（空白），使其输出 "bmi 是 **"。将数值计算到小数点后的第 4 位。
- 身高（height，单位：m）和体重（weight，单位：kg）的数值可自由使用。

清单 8.10 问题

In
```
def bmi(height, weight):
    return weight / height**2

# 输出"bmi是* *"
print("bmi是__" % _____)
```

解答示例

一起来解答这个问题吧。

def bmi 定义可以返回 bmi 值的函数。接下来要使用 print() 函数输出 "bmi 是 **"，所以在第 1 个空格处填写表示 bmi 小数点后第 4 位的 %.4f。然后使用 print() 函数输出 bmi 的值，身高和体重可以随意输入。

执行代码，结果输出到小数点后第 4 位（见清单 8.11）。

到这里，Python 的入门篇就讲述完毕了。

清单 8.11 解答示例

In
```
def bmi(height, weight):
    return weight / height**2

# 输出"bmi是* *"
print("bmi是%.4f" % bmi(1.7, 60))
```

Out
```
bmi是20.7612
```

第 2 部分
深度学习篇

在第 2 部分中，我们将从深度学习所需的知识开始，介绍使用示例的基本实施方法和更实用的方法。具体来说，第 9 章将介绍 NumPy 和数组，第 10 章将介绍 Pandas 和 DataFrame，第 11 章将介绍机器学习中熟悉的单层感知器，第 12 章将介绍深度学习的基础和实际编程方法，第 13 章将介绍如何使用 NyanCheck 应用程序进行迁移学习并将其部署到 Google Cloud Platform 中。

- 第9章　NumPy 与数组
- 第10章　Pandas 与 DataFrame
- 第11章　单层感知器
- 第12章　深度学习入门
- 第13章　迁移学习与 NyanCheck 开发

第 9 章
NumPy 与数组

本章将介绍 NumPy 以及如何使用它来处理数组。

9.1 NumPy 简介

本节将讲述 NumPy 的相关内容。

关于 NumPy

NumPy 是 Python 中可以用于有效计算数值的模块。
它有以下几个特点:

- 能够处理多维数组
- 诸如广播等复杂数组的访问方法
- 支持线性代数、傅里叶变换和随机数生成等运算方法

从下一节开始,我们将了解 NumPy 的基本用法。

备忘 1

NumPy

关于 NumPy 的详细信息可以在下面的官网获得。

- NumPy
  URL https://www.numpy.org/

9.2 NumPy 的 import

本节将讲述 NumPy 的使用方法。

关于 NumPy 的 import

如清单 9.1 所示,执行 import 即可使用 NumPy。

如清单 9.1 所示,NumPy 通常被称为 np。运行清单 9.1 不会显示任何内容,但 NumPy 已成功导入。

清单 9.1 NumPy 的 import

In

```
import numpy as np
```

> **备忘 2**
>
> **import 模块**
>
> 在 Python 中 import 模块时,通常以
>
> ```
> import <模块名>
> ```
>
> 的形式描述。

9.3 NumPy 与列表的比较

本节将讲述使用 NumPy 的优点。

使用 NumPy 的优点

作为内置类型，Python 提供了用于处理链表的列表。但是，特意使用 NumPy 有什么好处呢？可以举出以下两个优点：

- 快速
- 支持各种运算

清单 9.2 中的代码显示了在列表和 NumPy 中实现矩阵内积时的执行时间。NumPy 书写更加简单，运行时间也快 100 倍以上。

清单 9.2 NumPy 和列表所花费的计算时间比较

In

```
import numpy as np
import time
N = 100
a_list = [[1] * N for i in range(N)]
b_list = [[2] * N for i in range(N)]
c_list = [[0] * N for i in range(N)]
a_numpy = np.array(a_list)
b_numpy = np.array(b_list)

# list
start = time.time()
for i in range(N):
  for j in range(N):
    for k in range(N):
      c_list[i][j] += a_list[i][k] * b_list[k][j]
end = time.time() - start
print(f"list {end}秒")

# NumPy
start = time.time()
c_numpy = np.dot(a_numpy, b_numpy)
```

```
end = time.time() - start
print(f"NumPy {end}秒")
```

Out

```
list   0.2450559139251709秒
NumPy  0.0006875991821289062秒
```

具体来看一下清单 9.2 的代码。首先，我们用 import time 模块来计算程序运行时间。然后分别用列表和 NumPy 创建 100×100 的矩阵。接下来用列表的方式计算矩阵的内积，保存在 c_list 中。用列表计算时，需用 for 语句遍历列表依次计算。接下来用 NumPy 的方式计算矩阵的内积。用 NumPy 计算时，使用 np.dot 方法即可，np.dot 方法可以并行计算。运行结果显示，列表方式运行时间约为 0.24506 秒，而 NumPy 仅需 0.00069 秒。由此可见，NumPy 非常高效。

9.4 array 的创建

本节将讲述 NumPy 的 array（数组）的生成方法。

9.4.1 关于 array 的创建

NumPy 的 array（数组）可以使用 np.array() 生成（见清单 9.3）。生成 NumPy 的 array（数组）指定一个列表。这里需要在 np.array() 中指定一个列表，并创建一个 2 维数组。执行程序代码，可以显示一个 2 维数组。

清单 9.3 array 生成示例

In
```
arr = np.array([[1, 2, 3, 4, 5],
                [2, 3, 4, 5, 6],
                [3, 4, 5, 6, 7]])
print(arr)
```

Out
```
[[1 2 3 4 5]
 [2 3 4 5 6]
 [3 4 5 6 7]]
```

9.4.2 数组形状的指定方法

我们也可以指定数组的形状，通过填充 0 或 1 来创建数组。还有一种方法是不初始化或使用随机数初始化创建数组。让我们看一下清单 9.4 的例子。

首先，通过填充 0（zero）生成数组。这里可以使用 np.zeros 完成。在清单 9.4 ①的示例中，我们创建一个 3 行 5 列的 float 型数组。使用程序语句 dtype=float 指定 float 型。

在清单 9.4 ②中，使用 np.ones 填充 1 生成 4 行 3 列的数组。使用 dtype 指定 int 型。

在清单 9.4 ③中，使用 np.empty 在没有初始化的情况下生成 2 行 6 列的数组。

在清单 9.4 ④中，使用 np.random.rand 以 0 到 1 的随机数初始化，生成 2 行 3 列的数组。

运行代码，可以看到分别生成 0、1、无初始化、随机初始化的数组。

清单 9.4　指定数组形状的示例①

In

```python
# ① 填充 0 生成 3 行 5 列的 float 型数组
print(np.zeros((3, 5), dtype=float))

# ② 填充 1 生成 4 行 3 列的 int 型数组
print(np.ones((4, 3), dtype=int))

# ③ 无初始化生成 2 行 6 列的数组
print(np.empty((2, 6)))

# ④ 0、1 之间的随机数生成 2 行 3 列的数组
print(np.random.rand(2,3))
```

Out

```
[[0. 0. 0. 0. 0.]
 [0. 0. 0. 0. 0.]
 [0. 0. 0. 0. 0.]]
[[1 1 1]
 [1 1 1]
 [1 1 1]
 [1 1 1]]
[[1.17295901e-311 2.47032823e-322 0.00000000e+000
 0.00000000e+000
  0.00000000e+000 1.58817677e-052]
 [4.51618239e-090 2.00392079e-076 3.54867612e-062
 1.01331910e-070
  3.99910963e+252 1.46030983e-319]]
[[0.67048712 0.57554499 0.68730213]
 [0.48046056 0.08325293 0.16713204]]
```

9.4.3　基于数组范围创建数组的方法

另一种方法是用指定范围内的数字填充 np.arange() 生成数组。

在清单 9.5 ①中，生成由元素 10～19 组成的数组。将第 1 个值和最后 1 个值加 1 写入 np.arange() 中。

在清单 9.5 ②中，如果省略第 1 个值，则会生成从 0 开始的数组。

运行程序代码，可以看到分别生成 10～19 的数组和 0～4 的数组。

清单 9.5 指定数组形状的示例②

In

```
# ①生成元素 10 ~ 19 组成的数组
print(np.arange(10, 20))

# ②生成 0 ~ 4 组成的数组
print(np.arange(5))
```

Out

```
[10 11 12 13 14 15 16 17 18 19]
[0 1 2 3 4]
```

9.5 元素的访问

本节将讲述元素的访问方法。

关于元素的访问

我们可以使用两种方法来访问数组的元素,一种是C语言方法,另一种是下标,(逗号)。

让我们来看看如何访问数组中的元素吧。

首先运行清单9.6的代码,生成包含元素的数组。

对于清单9.7①中的C语言访问,我们可以先指定第0维,接着在[](括号)中指定第1维,这将输出第0行第1列,即元素2。

在清单9.7②中,对于同一数组,可以使用下标,(逗号)指定第0维和第1维,同样输出2。

清单9.7③中的方法虽然有点复杂,但是也可以使用元组访问多个元素。要访问第0行第1列、第1行第2列、第2行第3列的元素,需要在第1个位置指定第1维0、1、2的元素,在第2个位置指定第2维1、2、3的元素。这样操作即可对数组中第0行第1列中的2、第1行第2列中的4和第2行第3列中的6访问。

清单9.6 访问元素的示例①

In

```
arr = np.array([[1, 2, 3, 4, 5],
                [2, 3, 4, 5, 6],
                [3, 4, 5, 6, 7]])
print(arr)
```

Out

```
[[1 2 3 4 5]
 [2 3 4 5 6]
 [3 4 5 6 7]]
```

清单9.7 访问元素的示例②

In

```
# ①C语言访问
print(arr[0][1])
```

```
# ② 以逗号下标指定
print(arr[0, 1])

# ③ 用元组指定多个元素（访问 [0, 1], [1, 2], [2, 3]）
print(arr[(0, 1, 2), (1, 2, 3)])
```

Out

```
2
2
[2 4 6]
```

9.6 np.array 的属性

本节将讲述 np.array 的属性。

关于 np.array 的属性

让我们根据清单 9.8 查看数组的属性。

我们可以使用 .ndim 查看清单 9.8 中数组的维数（见清单 9.9）。由于清单 9.8 是 2 维数组，因此输出为 2。

确定数组的形状可以使用 .shape。清单 9.10 中的数组是 3 行 5 列的数组，因此输出为 3 和 5。

接下来，使用 .size 查看元素数目（见清单 9.11）。清单 9.11 中是 3 行 5 列的数组，所以应该有 3 × 5 共 15 个元素。

使用 .dtype 可以获取 array 的数据类型（见清单 9.12），输出结果为 int32。

最后，让我们看一下元素的大小（字节数）。这个可以通过 .itemsize 中查看（见清单 9.13）。结果可以看到，每个元素的大小为 4 个字节。

清单 9.8 np.array 的属性示例①

In

```
arr = np.array([[1, 2, 3, 4, 5],
                [2, 3, 4, 5, 6],
                [3, 4, 5, 6, 7]])
print(arr)
```

Out

```
[[1 2 3 4 5]
 [2 3 4 5 6]
 [3 4 5 6 7]]
```

清单 9.9 np.array 的属性示例②

In

```
# 维数 ndim
print(arr.ndim)
```

Out

```
2
```

清单 9.10 np.array 的属性示例③

In

```
# 形状
print(arr.shape)
```

Out

```
(3, 5)
```

清单 9.11 np.array 的属性示例④

In

```
# 元素数目
print(arr.size)
```

Out

```
15
```

清单 9.12 np.array 的属性示例⑤

In

```
# 数据类型（在 Windows 上，int64 可能显示为 int32）
print(arr.dtype)
```

Out

```
int32
```

清单 9.13 np.array 的属性示例⑥

In

```
# 元素的大小（字节数）
print(arr.itemsize)
```

Out

```
4
```

9.7 slice

本节将讲述 slice 的相关内容。

关于 slice

我们可以使用 slice 访问特定范围内的元素。
NumPy 中 slice 范围的指定方式请参照语法 9.1。

语法 9.1

```
array[<第1维的slice>, <第2维的slice>]
```

与上节一样，我们将从清单 9.14 中的数组中访问一个范围的元素。

清单 9.14 数组示例

In

```
arr = np.array([[1, 2, 3, 4, 5],
                [2, 3, 4, 5, 6],
                [3, 4, 5, 6, 7]])
print(arr)
```

Out

```
[[1 2 3 4 5]
 [2 3 4 5 6]
 [3 4 5 6 7]]
```

在清单 9.15 中，我们尝试访问数组的第 1 维的 0~1，第 2 维度的 2~4 范围内的元素。在这种情况下，指定数组范围 [0:2, 2:5]。执行此操作即可访问第 1 维的 0~1，第 2 维度的 2~4 范围中的元素。

清单 9.15 slice 示例①

In

```
# 访问数组的第 1 维的 0 ~ 1, 第 2 维度的 2 ~ 4 范围内的元素
arr[0:2, 2:5]
```

Out

```
array([[3, 4, 5],
       [4, 5, 6]])
```

在清单 9.16 ①中，如果省略 slice 中的 start，则从数组最初开始访问。arr[:2] 从第 0 维到第 1 维（从第 1 维的 0 ~ 1，以及第 2 维的全部范围）。

在清单 9.16 ②中，如果省略了 end，则访问到数组最后一个元素为止。

如果同时省略 start 和 end，则访问整个范围。在清单 9.16 ③中，即第 1 维的全部范围及第 2 维的 2 ~ 4。如果把它和原来的序列进行比较，就容易对比发现它的范围。

清单 9.16 slice 示例②

In

```
# ①省略 start
print(arr[:2])

# ②省略 end
print(arr[1:])

# ③省略 start 和 end
print(arr[:, 2:4])
```

Out

```
[[1 2 3 4 5]
 [2 3 4 5 6]]
[[2 3 4 5 6]
 [3 4 5 6 7]]
[[3 4]
 [4 5]
 [5 6]]
```

9.8 数组特定元素的访问

本节将讲述数组特定元素的访问方法。

关于数组特定元素的访问

我们可以使用 np.where() 访问符合条件的元素的 index。与上节一样,让我们看一下清单 9.17 中如何指定条件来访问数组中的元素吧。

清单 9.17 数组示例

In

```
arr = np.array([[1, 2, 3, 4, 5],
                [2, 3, 4, 5, 6],
                [3, 4, 5, 6, 7]])
print(arr)
```

Out

```
[[1 2 3 4 5]
 [2 3 4 5 6]
 [3 4 5 6 7]]
```

我们可以使用 np.where 访问数组中小于 3 的元素。例如清单 9.18 中,返回 (array[0,0,1],array[0,1,0])(在 Windows 环境中,结果显示",dtype=int64")。

清单 9.18 访问数组中特定元素示例①

In

```
print(np.where(arr < 3))
```

Out

```
(array([0, 0, 1], dtype=int64), array([0, 1, 0], ➡
dtype=int64))
```

可能不太容易理解,清单 9.18 显示的结果,分别为第 1 维度是 [0,0,1],第 2 维度是 [0,1,0] 的元素,即三个数组 :[0,0]、[0,1] 和 [1,0]。

访问元素实际的值,见清单 9.19。将从 np.where 访问得到的先前值指定为数组参数。这样,我们能得到数组中比 3 小的元素分别为 1、2、2。

清单 9.19 访问数组中特定元素示例②

In

```
print(arr[np.where(arr < 3)])
```

Out

```
[1 2 2]
```

9.9 数组的运算

本节将讲述数组的运算。

关于数组的运算

让我们分别使用 +、-、*、/、% 运算符计算一下数组中每个元素的和、差、积、商和余数吧。这里使用清单9.20中的数组进行计算，其中数组 a 中包含元素 1、2、3，数组 b 中包含元素 2、2、2。

清单9.20 数组示例

In
```
a = np.array([1, 2, 3])
print(a)
b = np.array([2, 2, 2])
print(b)
```

Out
```
[1 2 3]
[2 2 2]
```

首先，让我们看一下清单9.21中 a 和 b 的相加结果。如果计算 a+b，则结果输出每个元素的和即 1+2=3、2+2=4、3+2=5。

如清单9.22所示，a-b 输出元素之间的差，即 1-2 的结果 -1、2-2 的结果 0 和 3-2 的结果 1。

如清单9.23所示，执行 a*b 将输出每个元素的乘积，即 1*2 的结果 2，2*2 的结果 4 和 3*2 的结果 6。

如清单9.24所示，运行 a÷b 将输出 1÷2 的结果 0.5、2÷2 的结果 1 和 3÷2 的结果 1.5。

而清单9.25中，如果输出 a 除以 b 的余数，则输出 1÷2 的余数 1、2÷2 的余数 0 和 3÷2 的余数 1。

清单9.21 数组的运算示例①

In
```
print(a + b)
```

Out

```
[3 4 5]
```

清单 9.22 数组的运算示例②

In

```
print(a - b)
```

Out

```
[-1  0  1]
```

清单 9.23 数组的运算示例③

In

```
print(a * b)
```

Out

```
[2 4 6]
```

清单 9.24 数组的运算示例④

In

```
print(a / b)
```

Out

```
[0.5 1  1.5]
```

清单 9.25 数组的运算示例⑤

In

```
print(a % b)
```

Out

```
[1 0 1]
```

9.10 np.array 的形状操作

本节将讲述数组形状（shape）的操作方法。

关于 np.array 的形状操作

使用 reshape 可以改变数组的形状[一]。

例如，我们可以使用 ravel 将多维数组转换为 1 维数组，使用 expand_dims 添加维度，使用 squeeze 删除维数为 1 的轴，使用 .T 转置数组，使用 transpose 指定和替换轴。

总结如下：

- **reshape**：更改数组的形状
- **ravel**：将多维数组转换为 1 维
- **expand_dims**：添加维度
- **squeeze**：删除维数为 1 的轴
- **.T**：转置数组
- **transpose**：指定维度交换

现在，让我们来实际操作一下。

（1）更改数组的形状

首先使用 np.arange 创建一个 0～99 的 1 维数组。然后使用 np.reshape 将其更改为 10 行 ×10 列的数组。运行代码结果见清单 9.26，输出了 10×10 的数组。

清单 9.26 将 1 维数组转换成 10×10 数组示例

In

```
# 创建 0 ~ 99 的 1 维数组、通过 reshape 变更为 10 × 10 数组
print(np.arange(0, 100).reshape(10, 10))
```

Out

```
[[ 0  1  2  3  4  5  6  7  8  9]
 [10 11 12 13 14 15 16 17 18 19]
 [20 21 22 23 24 25 26 27 28 29]
```

一 形状指的是数组的维数。

```
[30 31 32 33 34 35 36 37 38 39]
[40 41 42 43 44 45 46 47 48 49]
[50 51 52 53 54 55 56 57 58 59]
[60 61 62 63 64 65 66 67 68 69]
[70 71 72 73 74 75 76 77 78 79]
[80 81 82 83 84 85 86 87 88 89]
[90 91 92 93 94 95 96 97 98 99]]
```

（2）多维数组展平 1 维

接下来使用 ravel 将 10 x 10 的数组更改为 1 维。首先使用 np.zeros 创建一个 10×10 的全为 0 的数组。使用 np.ravel 将其展平，变成 1 维数组，见清单 9.27。

清单 9.27 10×10 数组展平成 1 维数组示例

In

```
# 用 ravel 将 10 行 10 列的数组转换成 1 维
print(np.zeros((10, 10), dtype=int).ravel())
```

Out

```
[0 0 0 0 0 0 0 0 0 0 0 0 0 0 0 0 0 0 0 0 0 0 0 0 0 0 0 0 0 0 0 0 0 0 0 0 0 0 0 0 0 0 0 0 0 0 0 0 0 0 0 0 0 0 0 0 0 0 0 0 0 0 0 0 0 0 0 0 0 0 0 0 0 0 0 0 0 0 0 0 0 0 0 0 0 0 0 0 0 0 0 0 0 0 0 0 0 0 0 0]
```

（3）维度增加

接下来介绍 expand_dims 方法（见清单 9.28）。首先创建一个 2×2 的数组，使用 .shape 方法可以输出形状为 (2, 2)。然后使用 np.expand_dims(arr1, axis=0) 在第 0 维的地方增加 1 维。打印其 shape 输出为 (1, 2, 2)。axis 参数可以指定增加维度的位置，将 axis 设置为 1 可得到 shape 为 (2, 1, 2)。

清单 9.28 维度增加示例

In

```
arr1 = np.zeros((2, 2), dtype=int)
print(arr1.shape)
# 在第 0 维处增加 1 维
print(np.expand_dims(arr1, axis=0).shape)
# 在第 1 维处增加 1 维
print(np.expand_dims(arr1, axis=1).shape)
```

Out

```
(2, 2)
(1, 2, 2)
(2, 1, 2)
```

（4）删除维度为 1 的轴

接下来介绍 squeeze 方法。首先创建一个 shape 中大多数维度为 1 的数组，如清单 9.29 所示。使用 print 打印数组的 shape（见清单 9.29 ①）。然后使用 squeeze 方法可以删除维度为 1 的轴，打印数组的 shape 显示已更改为 100 行 ×10 列的数组（见清单 9.29 ②）。

清单 9.29 访问 100×10 数组示例

In

```
arr1 = np.empty((1, 1, 1, 1, 1, 100, 1, 1, 1, 10, 1, 1))
print(arr1.shape) # ①输出 shape
print(np.squeeze(arr1).shape) # ②使用 squeeze 输出
```

Out

```
(1, 1, 1, 1, 1, 100, 1, 1, 1, 10, 1, 1)
(100, 10)
```

（5）数组的转置

接下来介绍数组的转置方法，arr.T。首先创建一个 shape 为 2×5 的数组。使用 arr.T 方法后再打印数组的 shape，更改为 5 行 ×2 列。

清单 9.30 转置数组

In

```
arr1 = np.empty((2, 5))
print(arr1.shape)
# 转置数组
print(arr1.T.shape)
```

Out

```
(2, 5)
(5, 2)
```

（6）指定维度交换

最后介绍 transpose 的用法（见清单 9.31）。首先创建一个维数为 1，2，3 的数组。清单 9.31 ①打印了数组的 shape 为 (1, 2, 3)。使用 np.transpose 将第 1 维替换为第 0 维，将第 2 维替换为第 1 维，将第 0 维替换为第 2 维，见清单 9.31 ②。打印数组 shape 可以发现已更改为 (2, 3, 1)。

清单 9.31 指定维度交换

In

```
arr1 = np.empty((1, 2, 3))
# ①输出 shape
print(arr1.shape)
# ②将第 1 维替换为第 0 维，第 2 维替换为第 1 维，第 0 维替换为第 2 维
print(np.transpose(arr1, (1, 2, 0)).shape)
```

Out

```
(1, 2, 3)
(2, 3, 1)
```

9.11 数组的合并

本节将介绍数组的合并方法。

关于数组的合并

NumPy 中可以使用 hstack, vstack, concatenate 来完成 2 个以上的数组的合并。hstack 方法为横向合并数组，vstack 方法为纵向合并数组，concatenate 方法可以指定维度合并。总结如下：

- hstack：横向合并
- vstack：纵向合并
- concatenate：指定维度合并

（1）横向合并

接下来我们来实际操作合并数组。我们将尝试合并清单 9.32 中的 arr1 和 arr2。其中 arr1 是 arange 从 0 ~ 10，实际为 0 ~ 9 的元素的数组，arr2 是 arange 从 10 ~ 20，实际为 10 ~ 19 的元素数组。

清单 9.32 数组示例

In

```
arr1 = np.arange(0, 10)
print(arr1)
arr2 = np.arange(10, 20)
print(arr2)
```

Out

```
[0 1 2 3 4 5 6 7 8 9]
[10 11 12 13 14 15 16 17 18 19]
```

现在使用 hstack 方法横向连接 arr1 和 arr2（见清单 9.33）。需要注意的是，np.hstack 方法是沿着 2 个数组的第 2 个维度横向合并的。

清单 9.33 横向合并

In

```
# 横向合并
```

```
print(np.hstack((arr1, arr2)))
```

Out

```
[ 0  1  2  3  4  5  6  7  8  9 10 11 12 13 14 15 16 17 ➡
 18 19]
```

（2）纵向合并

接下来介绍使用 vstack 方法对 arr1 和 arr2 纵向合并（见清单 9.34）。需要注意的是，np.vstack 方法是沿着 2 个数组的第 1 个维度纵向合并的。

清单 9.34 纵向合并

In

```
# 纵向合并
print(np.vstack((arr1, arr2)))
```

Out

```
[[ 0  1  2  3  4  5  6  7  8  9]
 [10 11 12 13 14 15 16 17 18 19]]
```

（3）指定维度合并

最后介绍一下指定维度合并的 concatenate 方法（见清单 9.35）。这里将指定在第 0 维进行合并，设置 np.concatenate(arr1, arr2) 的 axis 参数为 0。输出结果显示与 hstack 方法得到相同的结果。

清单 9.35 指定维度合并

In

```
# 指定维度合并（在第 0 维合并）
print(np.concatenate((arr1, arr2), axis=0))
```

Out

```
[ 0  1  2  3  4  5  6  7  8  9 10 11 12 13 14 15 16 17 ➡
 18 19]
```

9.12 数组的分割

本节将介绍数组的分割方法。

数组的分割方法

使用 np.split() 分割单个数组（见语法 9.2）。

语法 9.2

```
np.split(<分割数组>, <分割数>)
```

分割后的数组存储为数组型。

现在来实际操作分割数组。对清单 9.36 中的 arr1 数组进行分割。其中 arr1 是 arange 0～100，实际为 0～99 的元素的数组。清单 9.36 ①输出了数组的 shape。使用 split 方法指定分割参数为 10 个。清单 9.36 ②输出分割为 10 个数组。比如 0～9 的 10 个元素的数组，10～19 的 10 个元素的数组，20～29 的 10 个元素的数组等。

清单 9.36 split 指定分割

In
```
arr1 = np.arange(0, 100) # 示例数组
print(arr1.shape) # ①输出 shape

print(np.split(arr1, 10)) # ② split 指定分割
```

Out
```
(100,)
[array([0, 1, 2, 3, 4, 5, 6, 7, 8, 9]), array([10, 11,
12, 13, 14, 15, 16, 17, 18, 19]), array([20, 21, 22,
23, 24, 25, 26, 27, 28, 29]), array([30, 31, 32, 33,
34, 35, 36, 37, 38, 39]), array([40, 41, 42, 43, 44,
45, 46, 47, 48, 49]), array([50, 51, 52, 53, 54, 55,
56, 57, 58, 59]), array([60, 61, 62, 63, 64, 65, 66,
67, 68, 69]), array([70, 71, 72, 73, 74, 75, 76, 77,
78, 79]), array([80, 81, 82, 83, 84, 85, 86, 87, 88,
89]), array([90, 91, 92, 93, 94, 95, 96, 97, 98, 99])]
```

9.13 数组的复制

本节将介绍数组的复制方法。

数组的复制方法

通过赋值的方式不会创建新的副本，而是多个变量共享一个数组。如果想复制数组为新副本，则需要使用 copy 方法。

现在我们来实际操作复制数组。如清单 9.37 所示，通过 np.zeros 建立一个 10×10 的数组，命名为 arr1，将 arr1 以赋值的方式分配给 arr2。将 arr1 以 copy() 的方式复制给 arr3。然后将 10 赋值给 arr1 的第 4 行第 4 列。输出 arr2 的值也会发生改变，因为 arr2 是通过赋值方式得到的，和 arr1 共享数组。而 arr3 是复制的新副本，所以 arr3 的第 4 行第 4 列的值不会发生改变。

清单 9.37 复制数组

In
```
arr1 = np.zeros((10, 10), dtype=int)

arr2 = arr1
arr3 = arr1.copy()

arr1[(3, 3)] = 10

# arr2 的值发生改变
print(arr2[(3, 3)])
# arr3 的值不变
print(arr3[(3, 3)])
```

Out
```
10
0
```

9.14 数组的多种运算

本节将介绍数组的多种运算方法。

基于 np.array 的数组多种运算方法

NumPy 提供了多种运算方法。本节介绍了以下方法。

- sum：元素的总和
- mean：元素的平均值
- var：元素的方差
- std：元素的标准差
- max：元素的最大值
- min：元素的最小值
- argmax：最大元素索引
- argmin：最小元素索引
- cov：元素的协方差矩阵
- dot：矩阵的内积
- np.linalg.svd：矩阵的奇异值分解矩阵

sum 方法返回数组的元素总和。mean 方法返回数组元素的平均值。var 方法返回数组元素的方差。std 方法返回数组元素的标准差。max 方法返回数组元素的最大值。min 方法返回数组元素的最小值。argmax 方法返回数组元素的最大元素的索引。argmin 方法返回数组元素的最小元素的索引。cov 方法返回数组元素的协方差矩阵。dot 方法返回矩阵的内积。np.linalg.svd 方法返回矩阵的奇异值分解矩阵。

接下来使用清单 9.38 的运算方法实际操作一下。

清单 9.38 示例数组

In

```
arr = np.array([[1, 2, 3, 4, 5],
                [2, 3, 4, 5, 6],
                [3, 4, 5, 6, 7]])
print(arr)
```

Out

```
[[1 2 3 4 5]
 [2 3 4 5 6]
```

```
[3 4 5 6 7]]
```

（1）元素求和

使用 .sum 方法对数组元素求和，输出总和为 60（见清单 9.39）。

清单 9.39 元素求和

In
```
# 元素求和
print(np.sum(arr))
```

Out
```
60
```

（2）元素的平均值

使用 mean 方法对数组元素求平均值（见清单 9.40）。

清单 9.40 求取元素平均值

In
```
# 元素平均值
print(np.mean(arr))
```

Out
```
4.0
```

（3）元素的方差

使用 var 方法对数组元素求方差（见清单 9.41）。

清单 9.41 求取元素的方差

In
```
# 元素的方差
print(np.var(arr))
```

Out
```
2.6666666666666665
```

（4）元素的标准差

使用 std 方法 (np.std(arr)) 对数组元素求标准差（见清单 9.42）。

清单 9.42 求取元素的标准差

In

```
# 元素的标准差
print(np.std(arr))
```

Out

```
1.632993161855452
```

（5）元素的最大值

使用 max 方法 (np.max(arr)) 对数组元素求最大值，输出最大值 7（见清单 9.43）。

清单 9.43 求取元素的最大值

In

```
# 元素的最大值
print(np.max(arr))
```

Out

```
7
```

（6）元素的最小值

使用 min 方法 (np.min(arr)) 对数组元素求最小值，输出最小值 1（见清单 9.44）。

清单 9.44 求取元素的最小值

In

```
# 元素的最小值
print(np.min(arr))
```

Out

```
1
```

（7）最大元素索引

使用 np.argmax 方法返回数组元素最大值的索引（见清单 9.45）。

清单 9.45 求取最大元素索引

In

```
# 最大元素索引
print(np.argmax(arr))
```

Out

14

(8)最小元素索引

使用 np.argmin 方法返回数组元素最小值的索引（见清单 9.46）。

清单 9.46 求取最小元素索引

In

```
# 最小元素索引
print(np.argmin(arr))
```

Out

0

(9)协方差矩阵

使用 np.cov 方法返回协方差矩阵。清单 9.47 输出了清单 9.38 中矩阵的协方差矩阵。

清单 9.47 求协方差矩阵

In

```
print(np.cov(arr))
```

Out

```
[[2.5 2.5 2.5]
 [2.5 2.5 2.5]
 [2.5 2.5 2.5]]
```

(10)矩阵的内积

使用 np.dot 方法返回两个矩阵的内积。清单 9.48 中输出了向量 arr 与 arr 的转置的内积，输出为一个方阵。

清单 9.48 求矩阵的内积

In

```
print(np.dot(arr, arr.T))
```

Out

```
[[ 55  70  85]
 [ 70  90 110]
```

```
 [ 85 110 135]]
```

（11）奇异值分解

使用 np.linalg.svd 方法返回矩阵的奇异值分解矩阵（见清单 9.49）。运行 np.linalg.svd 时，如果指定清单 9.38 中的数组，则会输出三个数组。

清单 9.49 奇异值分解

In

```
print(np.linalg.svd(arr))
```

Out

```
(array([[-0.44127483,  0.79913069,  0.40824829],
       [-0.56800242,  0.10347264, -0.81649658],
       [-0.69473   , -0.59218541,  0.40824829]]),
array([1.67010311e+01, 1.03709214e+00,
9.14681404e-16]), array([[-0.21923614,
-0.32126621, -0.42329627, -0.52532633, -0.6273564 ],
       [-0.74292363, -0.44360796, -0.1442923 ,
0.15502336,  0.45433903],
       [ 0.62702762, -0.65909334, -0.31848012,
0.10612977,  0.24441607],
       [-0.06507662,  0.17578258, -0.51267914,
0.75831701, -0.35634383],
       [ 0.05100386,  0.4844548 , -0.66009887,
-0.33718212,  0.46182232]]))
```

9.15 广播

本节将介绍广播机制。

关于广播

在运算的过程中,如果数组的 shape 不匹配,则广播将自动推断 shape。
使用数组的例子见清单 9.50。

清单 9.50 示例数组

In
```
arr = np.array([[1, 2, 3, 4, 5],
                [2, 3, 4, 5, 6],
                [3, 4, 5, 6, 7]])
print(arr)
```

Out
```
[[1 2 3 4 5]
 [2 3 4 5 6]
 [3 4 5 6 7]]
```

代码 arr + [1],numpy 自动把 [1] 扩展成 3 行 ×5 列的数组,然后与 arr 数组相加。运行结果为 arr 的所有元素增加 1。

代码 arr + [1, 2, 3, 4, 5],numpy 自动扩展成 3 行 ×5 列的数组,然后与 arr 数组相加。运行结果见清单 9.51。

清单 9.51 广播示例

In
```
print(arr)
# 所有元素增加 1
print(arr + [1])
# 各行增加 [1, 2, 3, 4, 5]
print(arr + [1, 2, 3, 4, 5])
```

Out
```
[[1 2 3 4 5]
 [2 3 4 5 6]
```

```
  [3 4 5 6 7]]
[[2 3 4 5 6]
 [3 4 5 6 7]
 [4 5 6 7 8]]
[[ 2  4  6  8 10]
 [ 3  5  7  9 11]
 [ 4  6  8 10 12]]
```

第 10 章 Pandas 与 DataFrame

本章将介绍 Pandas 和 DataFrame。

10.1 Pandas 简介

本节将简要介绍 Pandas。

什么是 Pandas

Pandas 是用于数据分析的 Python 包。它支持用于处理称为 DataFrame 的表格数据，以及 Excel、CSV、各种 SQL 数据库和 HDF5 格式的数据结构。另外还可以做各种统计处理。

- 用于处理称为 DataFrame 的表格数据的数据结构。
- 支持 Excel、CSV、各种 SQL 数据库；HDF5 格式。
- 统计处理。

接下来展示一个例子，我们将输出日本、美国和中国从 1960 年～2017 年的 CO_2 排放量（见清单 10.1）。

代码 import pandas as pd 将 pandas 导入程序中。此外，函数 %matplotlib inline 可以在 Jupyter Notebook 的笔记本页面打印图表。

在示例中，我们将使用 pandas_datareader 软件包，因此我们现在安装它（见清单 10.2）。要在 Jupyter Notebook 笔记本上运行命令行命令，请在命令前加上扩展标记（!）前缀。如：!pip install pandas_datareader。

清单 10.1 Pandas 的 import 和图表的输出

In

```
import pandas as pd
%matplotlib inline
```

清单 10.2 安装 pandas_datareader

In

```
!pip install pandas_datareader
```

Out

```
Collecting pandas_datareader
  Downloading https://files.pythonhosted.org/packages/➡
cc/5c/ea5b6dcfd0f55c5fb1e37fb45335ec01cceca199b8a793391➡
37f5ed269e0/pandas_datareader-0.7.0-py2.py3-none-any.➡
```

```
whl (111kB)
    100% |████████████████████████████████|
███ | 112kB 34kB/s ta 0:00:01
Requirement already satisfied: wrapt in /home/masashi/
anaconda3/lib/python3.6/site-packages (from pandas_
datareader) (1.10.11)
Requirement already satisfied: pandas>=0.19.2 in /home/
masashi/anaconda3/lib/python3.6/site-packages (from
pandas_datareader) (0.23.4)
Requirement already satisfied: lxml in /home/masashi/
anaconda3/lib/python3.6/site-packages (from pandas_
datareader) (4.2.5)
Requirement already satisfied: requests>=2.3.0 in /home/
masashi/anaconda3/lib/python3.6/site-packages (from
pandas_datareader) (2.19.1)
Requirement already satisfied: python-dateutil>=2.5.0
in /home/masashi/.local/lib/python3.6/site-packages
(from pandas>=0.19.2->pandas_datareader) (2.7.3)
Requirement already satisfied: pytz>=2011k in /home/
masashi/anaconda3/lib/python3.6/site-packages (from
pandas>=0.19.2->pandas_datareader) (2018.7)
Requirement already satisfied: numpy>=1.9.0 in /home/
masashi/anaconda3/lib/python3.6/site-packages (from
pandas>=0.19.2->pandas_datareader) (1.15.3)
Requirement already satisfied: chardet<3.1.0,>=3.0.2 in
/home/masashi/anaconda3/lib/python3.6/site-packages
(from requests>=2.3.0->pandas_datareader) (3.0.4)
Requirement already satisfied: idna<2.8,>=2.5 in /home/
masashi/anaconda3/lib/python3.6/site-packages (from
requests>=2.3.0->pandas_datareader) (2.7)
Requirement already satisfied: certifi>=2017.4.17 in /
home/masashi/.local/lib/python3.6/site-packages (from
requests>=2.3.0->pandas_datareader) (2018.4.16)
Requirement already satisfied: urllib3<1.24,>=1.21.1 in
/home/masashi/anaconda3/lib/python3.6/site-packages
(from requests>=2.3.0->pandas_datareader) (1.22)
Requirement already satisfied: six>=1.5 in /home/
masashi/anaconda3/lib/python3.6/site-packages (from
python-dateutil>=2.5.0->pandas>=0.19.2->pandas_
datareader) (1.11.0)
Installing collected packages: pandas-datareader
Successfully installed pandas-datareader-0.7.0
```

现在，让我们看一下代码（见清单10.3）。语句 from pandas_datareader import wb 将包导入程序。接下来就可以提取日本、美国、中国的 CO_2 排放量。我们不详细解释代码，但通过语句 co2_df.plot，可以用图表将日本、美国和中国的 CO_2 排放量可视化。

清单10.3 pandas_datareader 的 import

In

```
from pandas_datareader import wb
df = wb.download(indicator='EN.ATM.CO2E.KT', country=
['JP', 'US', 'CN'],
                start=1960, end=2014)
co2_df = df.unstack(level=0)
co2_df.columns = ['China', 'Japan', 'United States']
co2_df.plot(grid=True)
```

Out

<matplotlib.axes._subplots.AxesSubplot at 0x7f462b60c780>

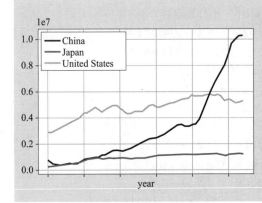

10.2 DataFrame 的创建

本节将介绍 DataFrame 的创建方法。

DataFrame 的创建方法

Pandas 使用 DataFrame 数据结构来分析数据。本节将介绍如何从字典创建 DataFrame。将字典作为参数传递给 pd.DataFrame。例子中 col1 是 [1, 2, 3, 4] 的 int 型列表，col2 是字符串类型的列表，col3 是 pd.Timestamp。运行代码将创建一个表格数据。col1 列包含数字，col2 列包含字符串，col3 列包含时间戳格式的数据（见清单 10.4）。

清单 10.4 生成 DataFrame

In

```
df = pd.DataFrame({'col1' : [1, 2, 3, 4],
                   'col2' : ['a', 'ab', 'abc', 'abcd'],
                   'col3' : pd.Timestamp('20180312')})
df
```

Out

	col1	col2	col3
0	1	a	2018-03-12
1	2	ab	2018-03-12
2	3	abc	2018-03-12
3	4	abcd	2018-03-12

让我们来看一下 DataFrame 中每一列的数据类型。使用 df.dtypes 可以查看每个列的数据类型（见清单 10.5）。col1 指定 int64 类型，col2 指定对象类型，col3 指定 datetime64。因此，DataFrame 可以处理多种数据类型。

清单 10.5 DataFrame 的各列数据类型

In

```
df.dtypes
```

Out

```
col1         int64
col2         object
```

```
col3     datetime64[ns]
dtype: object
```

此外，还可以通过多种方法创建 DataFrame。例如清单 10.6 中，从 NumPy 数据格式生成 DataFrame。

代码 df = pd.DataFrame 接收 NumPy 数据类型作为参数，这里使用 np.random.randint 生成 5 行 ×5 列的，0~9 的 int 型数组。创建 DataFrame 时注意指定列名 columns。

每次运行时，结果都会发生变化，因为这是一个随机数组。这样就创建了一个 5 行 ×5 列的 DataFrame 数据。

清单 10.6 NumPy 创建 DataFrame

In

```
import numpy as np
df = pd.DataFrame(np.random.randint(low=0, high=10, size=(5, 5)),
    columns=['a', 'b', 'c', 'd', 'e'])
print(df)
```

Out

```
   a  b  c  d  e
0  1  3  4  6  4
1  2  2  5  7  5
2  1  4  3  4  8
3  2  7  2  2  6
4  2  3  9  1  4
```

10.3 DataFrame 的表示

本节将介绍 DataFrame 的表示方法。

关于 DataFrame 的表示

在清单 10.7 中，运行代码创建 10.2 节中介绍过的中国、日本、美国 CO_2 排放量的 DataFrame。

清单 10.7 中国、日本、美国 CO_2 排放量的 DataFrame

In

```
from pandas_datareader import wb
df = wb.download(indicator='EN.ATM.CO2E.KT',
country=['JP', 'US', 'CN'],
                start=1960, end=2014)
co2_df = df.unstack(level=0)
co2_df.columns = ['China', 'Japan', 'United States']
```

head() 方法（见清单 10.8）输出 DataFrame 的开头 5 条数据，tail() 方法输出 DataFrame 的结尾 5 条数据（见清单 10.9）。此例中 co2_df.head() 将输出前 5 年的排放数据。co2_df.tail() 输出最后 5 年的数据。

清单 10.8 输出 DataFrame 的开头

In

```
co2_df.head()
```

Out

year	China	Japan	United States
1960	780726.302	232781.160	2890696.100
1961	552066.850	283118.069	2880505.507
1962	440359.029	293220.654	2987207.873
1963	436695.696	325222.563	3119230.874
1964	436923.050	359318.329	3255995.306

清单 10.9 输出 DataFrame 的结尾

In

```
co2_df.tail()
```

Out

year	China	Japan	United States
2010	8.776040e+06	1171624.835	5395532.125
2011	9.733538e+06	1191074.603	5289680.503
2012	1.002857e+07	1230168.490	5119436.361
2013	1.025801e+07	1246515.976	5159160.972
2014	1.029193e+07	1214048.358	5254279.285

要输出 columns 的名称，可以使用语句 co2_df.columns，清单 10.10 中输出了 Index(['China', 'Japan', 'United States']) 的列名数据结构（见清单 10.10）。

清单 10.10 输出列名

In

```
co2_df.columns
```

Out

```
Index(['China', 'Japan', 'United States'], dtype='object')
```

要输出 DataFrame 的索引，可以使用语句 .index。清单 10.11 中的代码 co2_df.index 输出了 DataFrame 的所有索引名。

清单 10.11 访问 DataFrame 中值的每个 name

In

```
co2_df.index
```

Out

```
Index(['1960', '1961', '1962', '1963', '1964', '1965', ➡
'1966', '1967', '1968',
       '1969', '1970', '1971', '1972', '1973', '1974', ➡
'1975', '1976', '1977',
       '1978', '1979', '1980', '1981', '1982', '1983', ➡
'1984', '1985', '1986',
       '1987', '1988', '1989', '1990', '1991', '1992', ➡
'1993', '1994', '1995',
```

```
       '1996', '1997', '1998', '1999', '2000', '2001', ➡
'2002', '2003', '2004',
       '2005', '2006', '2007', '2008', '2009', '2010', ➡
'2011', '2012', '2013',
       '2014'],
      dtype='object', name='year')
```

还可以使用 .values 来输出 NumPy 的数据格式。让我们来看一下 co2_df.values 的类型。运行结果显示其类型为 numpy.ndarray（见清单 10.12）。

清单 10.12 查看 co2_df.values 的类型

In

```
type(co2_df.values)
```

Out

```
numpy.ndarray
```

10.4 统计量的表示

本节将介绍统计量的表示方法。学习此节前，请先运行清单 10.7 中的代码。

关于统计量的表示

在 Pandas 中提供了一种简单的方法 describe() 来确定基本统计信息。输出包含以下值：count 表示元素个数，mean 表示平均值，std 表示标准差，min 表示最小值，25%、50% 和 75% 表示四分位数，max 表示最大值。

- `count`：元素个数。
- `mean`：平均值。
- `std`：标准差。
- `min`：最小值。
- `25%, 50%, 75%`：四分位数。
- `max`：最大值。

在清单 10.13 中，代码 co2_df.describe 输出了基本统计信息。运行结果可以看出，每个列的统计个数都是相同的。平均值为 mean，标准差为 std，最小值为 min，25% 是从最小值开始的，50% 为中值，75% 为 75% 大小的值，max 输出最大值。

清单 10.13 输出统计信息

In
```
co2_df.describe()
```

Out

	China	Japan	United States
count	5.500000e+01	5.500000e+01	5.500000e+01
mean	3.098573e+06	9.449562e+05	4.723442e+06
std	2.846173e+06	2.979319e+05	7.878118e+05
min	4.332340e+05	2.327812e+05	2.880506e+06
25%	9.782786e+05	8.769557e+05	4.381550e+06
50%	2.209709e+06	9.556202e+05	4.823403e+06
75%	3.478538e+06	1.198652e+06	5.276593e+06
max	1.029193e+07	1.266010e+06	5.789727e+06

10.5 DataFrame 的排序（sort）

本节将介绍 DataFrame 的排序方法。学习此节前，请先运行清单 10.7 中的代码。

关于 DataFrame 的排序（sort）

DataFrame 的 sort_index() 方法是按照 index 的大小来排序的。ascending 参数允许在升序和降序之间切换。清单 10.14 中设置 co2_df.sort_index 的参数 ascending=False。因此将按年份进行降序排序。

清单 10.14 DataFrame 的排序

In

```
co2_df.sort_index(axis=0, ascending=False).head()
```

Out

year	China	Japan	United States
2014	1.029193e+07	1214048.358	5254279.285
2013	1.025801e+07	1246515.976	5159160.972
2012	1.002857e+07	1230168.490	5119436.361
2011	9.733538e+06	1191074.603	5289680.503
2010	8.776040e+06	1171624.835	5395532.125

如果需要按照 DataFrame 的值进行排列，请使用 sort_values() 方法。在清单 10.15 中，代码 co2_df.sort_values 按照值进行降序排列。如果仅需要指定对日本的 CO_2 排放量降序排列，这里指定参数 by='Japan', ascending=False。从运行结果可以看到，日本 2004 年的 CO_2 排放量最高。

清单 10.15 按值排序示例

In

```
co2_df.sort_values(by='Japan', ascending=False).head()
```

Out

year	China	Japan	United States
2004	5.233539e+06	1266009.748	5756075.232
2007	7.030798e+06	1252229.162	5789030.561
2013	1.025801e+07	1246515.976	5159160.972
2003	4.540417e+06	1242093.574	5675701.926
2005	5.896958e+06	1239255.316	5789727.291

我们还可以使用 .T 对 DataFrame 进行转置。清单 10.16 中代码 co2_df.T 将输出转置 DataFrame。与原数据不同的是，行侧显示国家名称，列侧显示年份。DataFrame 依然为横向展示。

清单 10.16 转置示例

In

```
co2_df.T
```

Out

year	1960	1961	1962	1963
China	780726.302	552066.850	440359.029	436695.696
Japan	232781.160	283118.069	293220.654	325222.563
United States	2890696.100	2880505.507	2987207.873	3119230.874

3 rows × 55 columns

10.6 DataFrame 的筛选

本节将介绍 DataFrame 的筛选方法。学习此节前，请先运行清单 10.7 中的代码。

DataFrame 的筛选方法

Pandas 提供了多种对 DataFrame 值筛选的方法。最简单的方法是使用下标（[ ]）进行访问。对于 co2_df，第一个 [ ]（方括号）指定行索引范围，第二个 [ ] 指定列索引范围。在这里使用切片方式取出了日本 1970 年～1980 年的 CO_2 排放量（见清单 10.17）。

清单 10.17 筛选 DataFrame 示例①

In

```
co2_df['1970':'1980']['Japan']
```

Out

```
year
1970    768823.220
1971    797543.164
1972    853373.239
1973    915748.909
1974    915873.587
1975    870072.757
1976    908902.620
1977    935213.345
1978    903886.164
1979    955620.200
1980    947571.135
Name: Japan, dtype: float64
```

但是这种方法不适合处理大量数据，因为它会生成副本。使用 .loc 可以避免复制。

如清单 10.18 所示，co2_df.loc 允许在不生成副本的情况下筛选值。loc 的第一项指定索引范围，这里指定 1970 年～1980 年之间的范围。第二项指定列名，这里指定日本。

清单 10.18 筛选 DataFrame 示例②

In

```
co2_df.loc['1970':'1980','Japan']
```

Out

```
year
1970      768823.220
1971      797543.164
1972      853373.239
1973      915748.909
1974      915873.587
1975      870072.757
1976      908902.620
1977      935213.345
1978      903886.164
1979      955620.200
1980      947571.135
Name: Japan, dtype: float64
```

其他筛选取值方法还有 .at，.iat，.loc，.iloc。接下来进行介绍。

（1）.at

如要根据关键字访问特定值，请使用 .at。为了查看 1970 年日本的 CO_2 排放量，使用 .at['1970', 'Japan']（见清单 10.19）。

清单 10.19 筛选 DataFrame 示例③

In

```
# 使用键访问特定值
co2_df.at['1970', 'Japan']
```

Out

```
768823.22
```

（2）.iat

如要根据下标（[ ]）访问特定值，请使用 .iat。要输出与上个例子相同的结果，可以通过指定第 11 行的第 2 列（索引为 [10, 1]）来筛选（见清单 10.20）。

清单 10.20 筛选 DataFrame 示例④

In

```
# 使用下标访问特定值
co2_df.iat[10, 1]
```

Out

```
768823.22
```

（3）.loc

如要根据关键字访问特定范围，请使用 .loc。要输出清单 10.18 中的代码结果，可以使用 .loc，同时指定索引范围和列名（见清单 10.21）。

清单 10.21 筛选 DataFrame 示例⑤

In

```
# 使用键访问特定范围
co2_df.loc['1970':'1980', 'Japan']
```

Out

```
year
1970    768823.220
1971    797543.164
1972    853373.239
1973    915748.909
1974    915873.587
1975    870072.757
1976    908902.620
1977    935213.345
1978    903886.164
1979    955620.200
1980    947571.135
Name: Japan, dtype: float64
```

（4）.iloc

如要根据下标（[ ]）访问特定范围，请使用 .iloc。要输出与清单 10.21 相同的结果，可以使用 .iloc，同时指定索引为第 10～21，并将列索引指定为 1（见清单 10.22）。

清单 10.22 筛选 DataFrame 示例⑥

In

```
# 使用下标访问特定范围
co2_df.iloc[10:21, 1]
```

Out

```
year
1970    768823.220
1971    797543.164
1972    853373.239
1973    915748.909
1974    915873.587
1975    870072.757
1976    908902.620
1977    935213.345
1978    903886.164
1979    955620.200
1980    947571.135
Name: Japan, dtype: float64
```

10.7 特定条件的取值

本节将介绍 DataFrame 特定条件的取值方法。学习此节前，请先运行清单 10.7 中的代码。

关于特定条件的取值

DataFrame 也可以使用条件表达式筛选值。不符合条件的数据为 NaN（Not a Number）。
对于 co2_df，输出 co2_df 的值中大于 1e7 的元素。使用 .tail() 输出末尾 5 条数据。输出结果显示了中国 2012 年～2014 年的数据值，不符合条件的数据为 NaN（见清单 10.23）。

清单 10.23 指定条件取值

In

```
co2_df[co2_df > 1e7].tail()
```

Out

year	China	Japan	United States
2010	NaN	NaN	NaN
2011	NaN	NaN	NaN
2012	1.002857e+07	NaN	NaN
2013	1.025801e+07	NaN	NaN
2014	1.029193e+07	NaN	NaN

10.8 列的添加

本节将介绍 DataFrame 添加列的方法。学习此节前,请先运行清单 10.7 中的代码。

关于列的添加

对 DataFrame 变量直接赋值就能实现添加列。

首先,将 co2_df 的值复制到变量 df 中。然后将 1 赋值给 df 的 test 列。用 head() 输出头部 5 条数据,结果显示所有数据条目都添加了一个包含 1 的 test 列(见清单 10.24)。

清单 10.24 列的添加

In

```
# 复制 co2_df 以备后用
df = co2_df.copy()

df['test'] = 1
df.head()
```

Out

year	China	Japan	United States	test
1960	780726.302	232781.160	2890696.100	1
1961	552066.850	283118.069	2880505.507	1
1962	440359.029	293220.654	2987207.873	1
1963	436695.696	325222.563	3119230.874	1
1964	436923.050	359318.329	3255995.306	1

10.9 DataFrame 的运算

本节将介绍 DataFrame 的运算。

关于 DataFrame 的运算

Pandas 提供了多种方法来处理 DataFrame 的运算。首先，我们来看一个简单的运算。我们将使用如清单 10.25 所示的 DataFrame。其中包含两列：名为 col1 的包含 1～5 的列表，以及名为 col2 的包含 2～6 的列表。

清单 10.25 DataFrame 示例

In
```
df = pd.DataFrame({'col1': [1, 2, 3, 4, 5],
                   'col2': [2, 3, 4, 5, 6]})
```

语句 df + 1 可以得到一个如清单 10.26 所示的 DataFrame，其中每个元素都增加 1。类似地，语句 df - 1 可以得到一个如清单 10.27 所示的 DataFrame，其中每个元素都减少 1。

清单 10.26 DataFrame 的运算示例①

In
```
df + 1
```

Out

	col1	col2
0	2	3
1	3	4
2	4	5
3	5	6
4	6	7

清单 10.27 DataFrame 的运算示例②

In
```
df - 1
```

Out

	col1	col2
0	0	1
1	1	2
2	2	3
3	3	4
4	4	5

语句 df * 2 可以得到一个如清单 10.28 所示的 DataFrame，其中每个元素都加倍。类似地，语句 df / 2 可以得到一个如清单 10.29 所示的 DataFrame，其中每个元素都减半。

清单 10.28 DataFrame 的运算示例③

In

```
df * 2
```

Out

	col1	col2
0	2	4
1	4	6
2	6	8
3	8	10
4	10	12

清单 10.29 DataFrame 的运算示例④

In

```
df / 2
```

Out

	col1	col2
0	0.5	1.0
1	1.0	1.5
2	1.5	2.0
3	2.0	2.5
4	2.5	3.0

接下来，语句 df % 2 可以得到一个如清单 10.30 所示的 DataFrame，其中每个元素都对 2 取余。

清单 10.30 DataFrame 的运算示例⑤

In
```
df % 2
```

Out

	col1	col2
0	1	0
1	0	1
2	1	0
3	0	1
4	1	0

还可以对 DataFrame 中的列进行运算。语句 df['col1'] + df['col2'] 可以得到一个 DataFrame，其中每行的值都是原 DataFrame 中对列求和（见清单 10.31）。

清单 10.31 DataFrame 的运算示例⑥

In
```
# 可以计算 DataFrame 中的列
df['col1'] + df['col2']
```

Out
```
0     3
1     5
2     7
3     9
4    11
dtype: int64
```

还可以计算平均值（见清单 10.32）或方差（见清单 10.33）。可以使用语句 df.mean 和 df.var 来实现。这样可以计算每列的平均值和方差。

清单 10.32 DataFrame 的运算示例⑦

In
```
df.mean()
```

Out
```
col1    3.0
col2    4.0
dtype: float64
```

清单 10.33 DataFrame 的运算示例⑧

In

```
df.var()
```

Out

```
col1    2.5
col2    2.5
dtype: float64
```

10.10 复杂的运算

本节将介绍 DataFrame 中复杂的运算。

关于复杂的运算

如果要对 DataFrame 值执行复杂的运算，请使用 .apply()。例子中求得了每个元素的 sin 值。

在介绍 .apply() 之前，我们先讨论匿名函数 lambda。语句 f = lambda x: np.sin(x) 可以声明一个函数 f，该函数 f 的参数为 x（见清单 10.34）。

代码 print(f(3.14 / 2)) 将输出正弦值 0.99⋯。lambda 表达式等效于定义这个函数。其对参数为 x 的函数执行 sin 运算。运行结果显示两种运算输出值是相同的。

清单 10.34 复杂运算示例①

In

```
f = lambda x: np.sin(x)

print(f(3.14/2))

def g(x):
    return np.sin(x)

print(g(3.14/2))
```

Out

```
0.9999996829318346
0.9999996829318346
```

接下来，让我们来看看每个元素的 sin 运算。将函数作为参数传递给 df.apply。函数是 lambda 中的 np.sin。这将得到一个 DataFrame，其中每个元素的值转换为对应的 sin 值（见清单 10.35）。

清单 10.35 复杂运算示例②

In

```
df.apply(lambda x: np.sin(x))
```

Out

	col1	col2
0	0.841471	0.909297
1	0.909297	0.141120
2	0.141120	-0.756802
3	-0.756802	-0.958924
4	-0.958924	-0.279415

也可以按列进行 apply。我们将用 col1 的二次方赋值给新的一列 col3。运行结果显示 col1 的二次方在 col3 中（见清单 10.36）。

清单 10.36 复杂运算示例③

In
```
df['col3'] = df['col1'].apply(lambda x: x**2)
df
```

Out

	col1	col2	col3
0	1	2	1
1	2	3	4
2	3	4	9
3	4	5	16
4	5	6	25

10.11 DataFrame 的合并

本节将介绍 DataFrame 的合并。

关于 DataFrame 的合并

在做数据分析时,可能会碰到将多个 DataFrame 合并成一个的情形。对此,Pandas 提供了多种合并方法。

如清单 10.37 ~ 清单 10.39 所示的 df1,df2,df3,我们将演示合并方法。

df1 是一个包含两列的 DataFrame,分别是 col1:[1, 2, 3] 和 col2:[1, 2, 3]。

df2 也是一个包含两列的 DataFrame,分别是 col1:[4, 5, 6] 和 col2:[4, 5, 6]。

df3 同样是一个包含两列的 DataFrame,分别是 col1:[7, 8, 9] 和 col3:[7, 8, 9]。

清单 10.37 DataFrame 示例①

In

```
df1 = pd.DataFrame({'col1': [1, 2, 3],
                    'col2': [1, 2, 3]})
df1
```

Out

	col1	col2
0	1	1
1	2	2
2	3	3

清单 10.38 DataFrame 示例②

In

```
df2 = pd.DataFrame({'col1': [4, 5, 6],
                    'col2': [4, 5, 6]})
df2
```

Out

	col1	col2
0	4	4
1	5	5
2	6	6

清单 10.39 DataFrame 示例③

In
```
df3 = pd.DataFrame({'col1': [7, 8, 9],
                    'col3': [7, 8, 9]})
df3
```

Out

	col1	col3
0	7	7
1	8	8
2	9	9

（1）concat

使用 concat 方法可以简单地纵向合并 DataFrame，语句为 pd.concat。此方法接收多个 DataFrame 作为参数，也可以传入 ignore_index=True 参数。运行结果显示 DataFrame1（df1）的值和 DataFrame2（df2）的值是合并在一起了（见清单 10.40）。

清单 10.40 concat 示例①

In
```
# 纵向合并
pd.concat([df1, df2], ignore_index = True)
```

Out

	col1	col2
0	1	1
1	2	2
2	3	3
3	4	4
4	5	5
5	6	6

考虑使用 concat 来合并列名称不匹配的 DataFrame。合并 df1 和 df3，但 df1 没有 col3 列，df3 没有 col2 列。因此合并的结果显示，df1 中一部分在 col3 中是 NaN，df3 中一部分在 col2 中是 NaN（见清单 10.41）。

清单 10.41 concat 示例②

In
```
# 列名不一致的部分变成 NaN
pd.concat([df1, df3], ignore_index = True)
```

Out

	col1	col2	col3
0	1	1.0	NaN
1	2	2.0	NaN
2	3	3.0	NaN
3	7	NaN	7.0
4	8	NaN	8.0
5	9	NaN	9.0

如果指定 pd.concat 的参数 axis=1，则可以水平合并 DataFrame。运行结果显示，DataFrame1（df1）的值和 DataFrame2（df2）的值是横向合并了（见清单 10.42）。

清单 10.42 concat 示例③

In

```
# 横向合并
pd.concat([df1, df2], axis = 1)
```

Out

	col1	col2	col1	col2
0	1	1	4	4
1	2	2	5	5
2	3	3	6	6

如果指定 pd.concat 的参数 join='inner'，则合并时只保留名称匹配的列。例如合并 df1 和 df3，设置 join='inner', ignore_index=True，则将仅合并名称匹配的列（见清单 10.43）。

清单 10.43 concat 示例④

In

```
# 指定 join='inner'，只保留匹配的列
pd.concat([df1, df3], join='inner', ignore_index = True)
```

Out

	col1
0	1
1	2
2	3
3	7
4	8
5	9

（2）append

使用 append 方法可以简单地纵向合并 DataFrame。代码 df1.append（df2，ignore_index=True）可将 df2 合并到 df1 中（见清单 10.44）。

清单 10.44　append 示例

In

```
df1.append(df2, ignore_index=True)
```

Out

	col1	col2
0	1	1
1	2	2
2	3	3
3	4	4
4	5	5
5	6	6

（3）merge

使用 append 方法也可以合并 2 个 DataFrame。可以将具有相同元素的列横向合并。让我们看一个例子。

如清单 10.45 和清单 10.46 所示的 df1，df2，我们将演示合并方法。

df1 包含 3 列 bar、foo 和 key，具体值如清单 10.45 所示。

df2 同样包含 3 列 bar、foo 和 key，其中 key 列的值与 df1 相同，如清单 10.46 所示。

可以通过语句 pd.merge，传入 df1，df2 参数，并指定 on 参数为 key 列，来完成 DataFrame 的合并（见清单 10.47）。当 key 值为 a 时，将横向合并 3，1，5，3 为一行。当 key 值为 b 时，将横向合并 4，2，6，4 为一行（见清单 10.47）。

清单 10.45　DataFrame 示例①

In

```
df1 = pd.DataFrame({'key': ['a', 'b'],
                    'foo': [1, 2],
                    'bar': [3, 4]})
df1
```

Out

	bar	foo	key
0	3	1	a
1	4	2	b

清单 10.46 DataFrame 示例②

In
```
df2 = pd.DataFrame({'key': ['a', 'b'],
                    'foo': [3, 4],
                    'bar': [5, 6]})
df2
```

Out

	bar	foo	key
0	5	3	a
1	6	4	b

清单 10.47 merge 示例

In
```
pd.merge(df1, df2, on='key')
```

Out

	bar_x	foo_x	key	bar_y	foo_y
0	3	1	a	5	3
1	4	2	b	6	4

10.12 分组

本节将介绍分组。

关于分组

我们可以使用分组功能将具有相同元素的列组合在一起。让我们考虑如清单 10.48 所示的 DataFrame。其中 A 列包含值 foo 和 bar。B 列包含 one，one，two，three，two，two，one，three。C 列和 D 列包含随机值。

清单 10.48 DataFrame 示例

In

```
df = pd.DataFrame({'A' : ['foo', 'bar', 'foo', 'bar',
                          'foo', 'bar', 'foo', 'foo'],
                   'B' : ['one', 'one', 'two', 'three',
                          'two', 'two', 'one', ➡
'three'],
                   'C' : np.random.randn(8),
                   'D' : np.random.randn(8)})
df
```

Out

	A	B	C	D
0	foo	one	1.743702	-0.474506
1	bar	one	0.556694	0.132985
2	foo	two	1.718192	-1.167333
3	bar	three	0.902946	-0.158837
4	foo	two	-0.860974	-2.168141
5	bar	two	1.220781	-0.414502
6	foo	one	0.451595	-0.789279
7	foo	three	-0.628765	-0.113362

要对 A 列进行求和，可使用代码 df.groupby('A').sum()。运行结果显示，将列 A 值为 bar 的 C 的数值和 D 的数值相加，并将列 A 为 foo 的 C 的数值和 D 的数值相加（见清单 10.49）。

清单 10.49 分组示例①

In

```
# 将A列中匹配的行聚合
df.groupby('A').sum()
```

Out

	A	C	D
bar		2.680421	−0.440354
foo		2.423749	−4.712620

接下来，我们将 A 列和 B 列元素匹配的行进行聚合。在 df.groupby 中传入指定列名为参数。然后，可以使用 .sum() 将 A 列和 B 列中匹配的行合并为一行。运行结果见清单 10.50。

清单 10.50 分组示例②

In

```
# 将A列和B列元素匹配的行进行聚合
df.groupby(['A', 'B']).sum()
```

Out

A	B	C	D
bar	one	0.556694	0.132985
	three	0.902946	−0.158837
	two	1.220781	−0.414502
foo	one	2.195297	−1.263785
	three	−0.628765	−0.113362
	two	0.857217	−3.335474

10.13 图表的表示

本节将介绍图表的表示方法。

多种图表的表示

使用 Pandas 可以轻松地根据 DataFrame 绘制图表。让我们再看一下 10.1 节中列出的清单 10.3 中的 CO_2 排放量图表。在清单 10.51 的示例中，可以通过清单 10.52 中的语句 co2_df.plot() 来绘制相应的图表。

清单 10.51 提取 CO_2 排放量的 DataFrame

In

```python
from pandas_datareader import wb
df = wb.download(indicator='EN.ATM.CO2E.KT', ➡
country=['JP', 'US', 'CN'],
                start=1960, end=2014)
co2_df = df.unstack(level=0)
co2_df.columns = ['China', 'Japan', 'United States']
```

清单 10.52 显示图表

In

```python
# 显示图表
co2_df.plot()
```

Out

```
<matplotlib.axes._subplots.AxesSubplot at 0x1bfeff874e0>
```

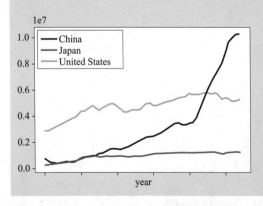

如要输出箱线图，请使用 co2_df.plot.box()。图标将输出最小值和最大值以及四分位点的图形（见清单 10.53）。

清单 10.53 箱线图

In

```
# 箱线图
co2_df.plot.box()
```

Out

```
<matplotlib.axes._subplots.AxesSubplot at 0x1bfeffd7780>
```

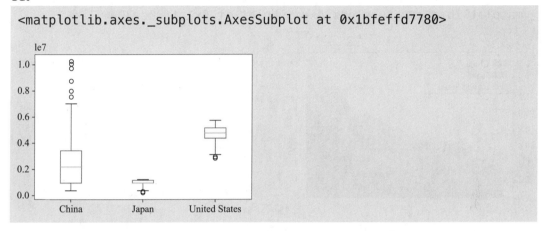

如要输出直方图，请使用 co2_df.plot.hist()（见清单 10.54）。设置参数 alpha=0.8，则直方图的重叠部分可以透明显示。如清单 10.54 所示输出 CO_2 排放量的直方图。

清单 10.54 直方图

In

```
# 直方图
co2_df.plot.hist(alpha=0.8)
```

Out

```
<matplotlib.axes._subplots.AxesSubplot at 0x1bff004e5c0>
```

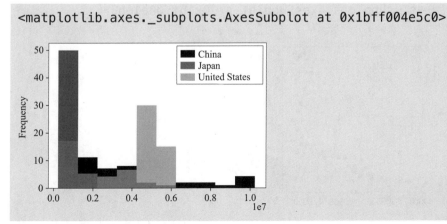

如要输出面积图，请使用 co2_df.plot.area()（见清单 10.55）。输出结果是一个按值面积堆积的图表。

清单 10.55 面积图

In

```
# 面积图
co2_df.plot.area()
```

Out

```
<matplotlib.axes._subplots.AxesSubplot at 0x1bff00ca390>
```

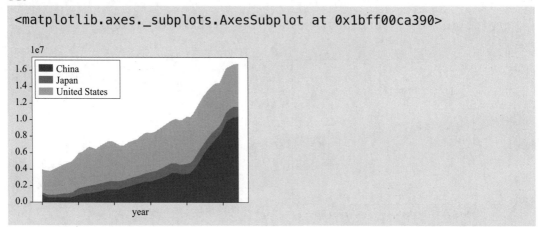

如要输出散点图，请使用 co2_df.plot.scatter()（见清单 10.56）。运行结果输出了日本和中国的 CO_2 排放量的散点图。

清单 10.56 散点图①

In

```
# 散点图
co2_df.plot.scatter(x='Japan', y='China')
```

Out

```
<matplotlib.axes._subplots.AxesSubplot at 0x1bff00e1eb8>
```

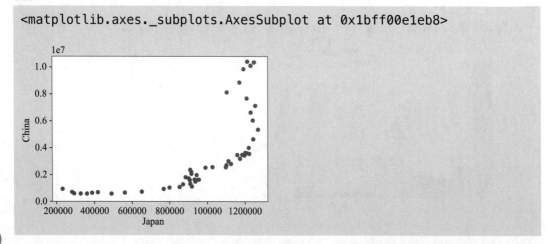

接下来使用 co2_df.plot.hexbin()，可以绘制二维六角形柱状图，它以 Hexagonal Binning（六角形状接合）的方式展示，可比散点图提供更多的信息（见清单 10.57）。

清单 10.57 散点图②

In

```
# hexagonal bin plot
co2_df.plot.hexbin(x='Japan', y='China', gridsize=25)
```

Out

```
<matplotlib.axes._subplots.AxesSubplot at 0x1bff119d5c0>
```

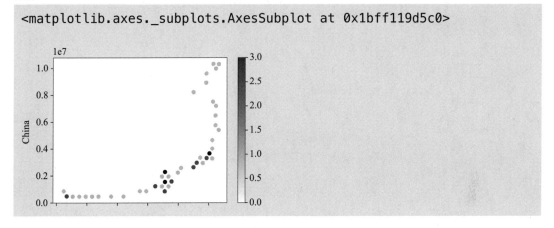

第 11 章 单层感知器

本章将介绍机器学习中熟悉的单层感知器。

11.1 单层感知器简介

本节将介绍单层感知器。

11.1.1 什么是单层感知器

如图 11.1 所示的神经网络称作单层感知器。图 11.1 中的一个圆圈称为神经元。当前层（图 11.1 左）的神经元和下一层的神经元通过耦合权重连接在一起。左边的符号 x 表示输入。此外，我们还提供了一个始终输入 1 的虚拟输入，这也称为偏差。

单层感知器的输出可以用图 11.1 中间所示的公式表示。将输入乘以连接权重，然后将其相加得到结果 $w_1x_1 + w_2x_2 + w_3 * 1$，其中 w_3 是输入偏差。把结果代入函数 f，此函数称为激活函数。使用求和符号记作 $\sum_i w_i x_i$。

单层感知器使用 sigmoid 函数作为激活函数。当输入的加权总和小于 0 且越小时，sigmoid 函数输出接近 0。当加权总和大于 0 且越大时，sigmoid 函数输出接近 1。

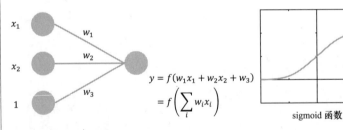

单层感知器是上述神经网络。
x：输入、w：权重、y：输出、f：激活函数。
在单层感知器中，激活函数将使用上面右侧所示的 sigmoid 函数

图 11.1 单层感知器

sigmoid 函数可以看作是一个开关，当输入较小时开关断开，当输入较大时开关闭合。

11.1.2 关于单层感知器的学习

接下来，我们将讨论单层感知器的学习。让上节介绍过的单层感知器学习逻辑与（and）的任务，如图 11.2 中的右表所示。逻辑与（and）是这样一种函数，即只有当两个输入都为 1 时，输出才为 1，否则输出为 0。这个单层感知器的权重为 0.1，0.9，−1，输出

为 y。计算可得，当 x_1 和 x_2 均为 0 时，输出 y 为 0.27。当 x_1 为 0，x_2 为 1 时，输出 y 为 0.48。当 x_1 为 1，x_2 为 0 时，输出 y 为 0.29。当 x_1 和 x_2 均为 1 时，输出 y 为 0.5。而实际期望输出值 t 为 0，0，0，1。现在就让单层感知器进行学习，让实际输出 y 逐渐逼近 t，t 称为监督数据（也称为监督信号）。

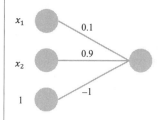

单层感知器的学习

x_1	x_2	y	t
0	0	0.27	0
0	1	0.48	0
1	0	0.29	0
1	1	0.5	1

让上述单层感知器学习右表所示逻辑与 (and) 的任务。
期望值（监督数据）用 t 表示，单层感知器的权重为 0.1，0.9，−1，输出为 y。

图 11.2 单层感知器的学习①

为了完成学习任务，需要计算实际输出 y 和监督数据 t 之间的 Loss（见图 11.3）。在这里，我们将使用 MSE（均方误差）作为 Loss。记 Loss 为 L，则 MSE 由图 11.3 中所示的表达式表示。即 $L = \frac{1}{N}\sum(t-y)^2$。当 Loss 的值变小时，表示 t 和 y 的值逐渐逼近；反之，t 和 y 的误差越小，Loss 的值越小。

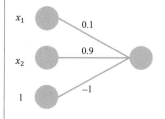

单层感知器的学习

x_1	x_2	y	t
0	0	0.27	0
0	1	0.48	0
1	0	0.29	0
1	1	0.5	1

然后，测量输出和监督数据之间的 Loss 值（损失）。这里，Loss 使用 MSE（均方误差），用 L 表示。

$$L = \frac{1}{N}\sum(t-y)^2$$

图 11.3 单层感知器的学习②

如图 11.4 所示，要使输出 y 逼近监督数据 t，只需最小化两者之间的 Loss。将 MSE 绘制成如图 11.4 右侧所示的曲线。从图 11.4 中可以看出，Loss 曲线可以找到最小的点。可以通过计算曲线的斜率来找到此点。曲线斜率为 0 的地方即是 Loss 最小的地方。而在深度学习中，函数的斜率是通过微分来计算求得的，所以只要更新权重，使 Loss 的微分为 0 就可以了。

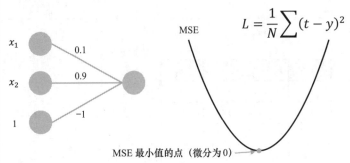

要使实际输出接近监督数据，只需将 Loss 最小化即可。从右图可以看出，在 Loss 最小的点，曲线的斜率为 0。斜率可以通过微分获得。
因此，只要更新权重，使 Loss 的微分为 0 即可。

图 11.4 单层感知器的学习③

首先，假设具有初始权重的单层感知器的 Loss 位于 MSE 曲线右侧的 A 点。可计算求得此点的斜率是正值，即切线方向指向右上角。从图 11.5 中可以看出，要使 MSE 曲线中 A 点逼近最小值点，只需在斜率的相反方向上稍微改变值即可。权值更新公式如图 11.5 下边所示。w_i' 是一次迭代后更新的权值。w_i 是当前的权值，α 为学习率，通常是一个较小的值。L 对 w 求微分，w_i' 是原来的权值 w 向斜率反方向移动一小段距离后得到的。重复迭代直到 Loss 不再变化或变化很小。这种学习方法称为最速下降法。

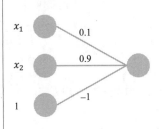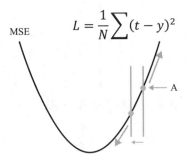

$$w_i' = w_i - \alpha \frac{\partial L}{\partial w_i}$$（在斜率的相反方向上稍微改变值）

α：学习率

重复迭代直到 Loss 不再变化或变化很小。

※ 这种学习方法称为最速下降法。

图 11.5 单层感知器的学习④

运行程序完成学习任务，权值参数更新后，w_1 为 4.38，w_2 为 4.38，w_3 为 −6.66。计算实际输出 y 的结果如图 11.6 右表所示，当 x_1 和 x_2 均为 0 时，输出 y 为 0.00。当 x_1 为 0，x_2 为 1 时，输出 y 为 0.09。当 x_1 为 1，x_2 为 0 时，输出 y 为 0.09。当 x_1 和 x_2 均为 1 时，输出 y 为 0.90。此时实际输出 y 已经非常接近监督信号 t 了。

单层感知器的学习

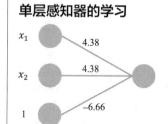

x_1	x_2	y	t
0	0	0.00	0
0	1	0.09	0
1	0	0.09	0
1	1	0.90	1

实际输出的值将逼近监督信号的值。

图 11.6 单层感知器的学习⑤

11.2 单层感知器的实际操作

本节将介绍实际程序中如何实现单层感知器的学习。

11.2.1 NumPy 和 Keras 的模块导入

首先做一些准备工作，导入所需的模块。清单 11.1 所示的语句可导入 NumPy 和 Keras 模块。首先连接到 Python 内核导入模块，然后在连接结束时开始运行，并显示消息 Using TensorFlow backend.，如清单 11.1 所示。这意味着在 backend 中使用 TensorFlow。这是由于 Keras 的后端基于 TensorFlow，所以输出了这样的消息。更多关于 Keras 的内容将在第 12.12 节中介绍。

清单 11.1 NumPy 和 Keras 的模块导入

In

```
import numpy as np
from keras.models import Sequential
from keras.layers import Dense, Activation
from keras import optimizers
```

Out

```
Using TensorFlow backend.
```

11.2.2 学习网络定义

接下来定义用于学习的网络（见清单 11.2）。首先代码 model=Sequential() 声明一个使用 Sequential 类型的接口（见清单 11.2 ①）。然后添加一个名为 Dense 的全连接层（见清单 11.2 ②）。此全连接层包含两个输入以及一个神经元。紧接着添加一个名为 Activation 的激活函数，这里使用 sigmoid 函数（见清单 11.2 ③）。

接下来需要语句 model.compile 来编译这个模型，并设置优化器参数为最速下降法，设置 loss 参数为 mse，设置 metrics（评价基准）参数为 mae 来评价绝对误差（见清单 11.2 ④）。

清单 11.2 学习网络定义

In

```
model = Sequential()                                    ①
```

```
model.add(Dense(1, input_dim=2))                    ——②
model.add(Activation('sigmoid'))                    ——③
model.compile(optimizer=optimizers.SGD(1),
              loss='mse',
              metrics=['mae'])                      ——④
```

11.2.3 神经网络的输入和监督信号的设定

然后设定神经网络的输入样本和监督数据（见清单 11.3）。首先，设定输入数据为列表格式（见清单 11.3 ①）。第一个输入是 0 和 0，下一个输入是 0 和 1，再下一个输入是 1 和 0，最后一个输入是 1 和 1。与此相对应的监督数据，第一个是 0，第二个是 0，第三个也是 0，只有输入的元素都是 1 时输出才是 1（见清单 11.3 ②）。Keras 可接收 NumPy 数据格式作为神经网络的输入，因此将列表转换为 NumPy 格式（见清单 11.3 ③）。运行这些代码之后则不会显示任何输出，请继续运行清单 11.4 的代码。

清单 11.3 神经网络的输入和监督信号的设定

In

```
x = [[0, 0],
     [0, 1],
     [1, 0],
     [1, 1]]                  ——①
y = [0, 0, 0, 1]              ——②
x = np.array(x)
y = np.array(y)               ——③
```

11.2.4 学习的设置与实行

通过运行清单 11.4 中的 model.fit 来进行实际学习。设定输入数据和监督数据，设置学习周期 500 次。执行代码后模型执行学习任务。通过日志可以看出，每学习一个周期，最右边的平均绝对误差就会减少。

清单 11.4 进行学习

In

```
model.fit(x, y, epochs=500)
```

Out

```
    Epoch 1/500
    4/4 [==============================] - 0s ➡
29ms/step - loss: 0.2701 - mean_absolute_error: 0.5024
    Epoch 2/500
    4/4 [==============================] - 0s ➡
0us/step - loss: 0.2597 - mean_absolute_error: 0.4915
    Epoch 3/500
    4/4 [==============================] - 0s ➡
0us/step - loss: 0.2502 - mean_absolute_error: 0.4812
    Epoch 4/500
    4/4 [==============================] - 0s ➡
0us/step - loss: 0.2415 - mean_absolute_error: 0.4715
    Epoch 5/500
    4/4 [==============================] - 0s ➡
255us/step - loss: 0.2337 - mean_absolute_error: 0.4625
    Epoch 6/500
    4/4 [==============================] - 0s ➡
0us/step - loss: 0.2265 - mean_absolute_error: 0.4542
    Epoch 7/500
    4/4 [==============================] - 0s ➡
0us/step - loss: 0.2198 - mean_absolute_error: 0.4464
    Epoch 8/500
    4/4 [==============================] - 0s ➡
0us/step - loss: 0.2137 - mean_absolute_error: 0.4392
    Epoch 9/500
    4/4 [==============================] - 0s ➡
1ms/step - loss: 0.2080 - mean_absolute_error: 0.4325
    Epoch 10/500
    4/4 [==============================] - 0s ➡
0us/step - loss: 0.2026 - mean_absolute_error: 0.4263

(…略…)

    Epoch 490/500
    4/4 [==============================] - 0s ➡
0us/step - loss: 0.0128 - mean_absolute_error: 0.0983
    Epoch 491/500
    4/4 [==============================] - 0s ➡
0us/step - loss: 0.0127 - mean_absolute_error: 0.0982
    Epoch 492/500
```

```
    4/4 [==============================] - 0s ⇒
0us/step - loss: 0.0127 - mean_absolute_error: 0.0980
    Epoch 493/500
    4/4 [==============================] - 0s ⇒
1000us/step - loss: 0.0127 - mean_absolute_error: 0.0979
    Epoch 494/500
    4/4 [==============================] - 0s ⇒
0us/step - loss: 0.0126 - mean_absolute_error: 0.0978
    Epoch 495/500
    4/4 [==============================] - 0s ⇒
0us/step - loss: 0.0126 - mean_absolute_error: 0.0977
    Epoch 496/500
    4/4 [==============================] - 0s ⇒
0us/step - loss: 0.0126 - mean_absolute_error: 0.0976
    Epoch 497/500
    4/4 [==============================] - 0s ⇒
1ms/step - loss: 0.0126 - mean_absolute_error: 0.0975
    Epoch 498/500
    4/4 [==============================] - 0s ⇒
0us/step - loss: 0.0125 - mean_absolute_error: 0.0974
    Epoch 499/500
    4/4 [==============================] - 0s ⇒
0us/step - loss: 0.0125 - mean_absolute_error: 0.0973
    Epoch 500/500
    4/4 [==============================] - 0s ⇒
0us/step - loss: 0.0125 - mean_absolute_error: 0.0972


<keras.callbacks.History at 0x2370cff07b8>
```

11.2.5 学习权重的确认

下面我们就来看看被学习的权重是如何变化的。要查看如清单 11.5 所示的 model.layers 中的第一个 layer 学习的权重，因此我们将执行语句 [0].get_weights()。运行结果显示，两个输入权重都学习变化为 3.77 左右，"偏移"权重学习变化为 −5.76 左右。

清单 11.5 学习权重的确认

In

```
model.layers[0].get_weights()
```

Out

```
[array([[3.7685945],
       [3.768557 ]], dtype=float32), ➡
array([-5.758247], dtype=float32)]
```

11.2.6　学习的神经网络的输出确认

接下来，通过执行代码 model.predict(x)，可以使用刚刚学习到的神经网络来预测输入对应的输出值（见清单 11.6）。运行预测代码，当输入是 0 和 0, 0 和 1, 1 和 0, 1 和 1 的时候，其对应的结果如清单 11.6 所示。如果训练地再收敛一些，则会产生逼近 0、0、0、1 的输出。

清单 11.6　学习的神经网络的输出确认

In

```
model.predict(x)
```

Out

```
array([[0.00314671],
       [0.12028968],
       [0.12029365],
       [0.85556155]], dtype=float32)
```

第 12 章 深度学习入门

本章将介绍深度学习的入门。

12.1 深度学习简介

本节将介绍深度学习概要。

12.1.1 什么是深度学习

深度学习是指如图 12.1 所示的深层神经网络。首先来解释一下多层感知器和深度学习的关系。

具有隐藏层的感知器通常称为多层感知器。特别是具有多个隐藏层的神经网络被称为深度神经网络，深度神经网络的学习被称为深度学习。隐藏层是指输入层和输出层之间的层，如图 12.1 所示。

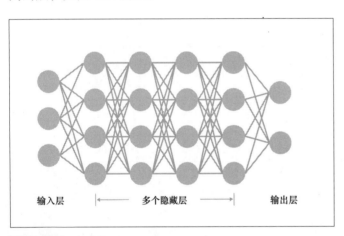

图 12.1 多层感知器与深度学习

12.1.2 多层感知器的学习方法

接下来，我们将讨论如何学习多层感知器。学习多层感知器通常使用反向传播的方法（见图 12.2）。反向传播也称为误差反向传播。反向传播是一种通过链式法则实现 11.1 节单层感知器概要中描述的最速下降法的方法。

如果仔细看一下图 12.3 中深度学习的模型，就会发现背景深灰色的部分和单层感知器的形状是一样的。因此，如果把背景浅灰色部分的输出看作深灰色部分的输入，就可以使用背景深灰色部分的实际输出和监督数据之间的误差，通过最速下降法学习背景深灰色部分的权重。

接下来看一下图 12.4，如果知道背景白色部分的输出和传递到背景深灰色部分的期望输出，则可以通过最小化方法来求解图 12.4 中背景浅灰色部分的权重。这样，只要按顺序进行这个最速下降法直到输入，就可以一个接一个地更新权重。反向传播就以这种方式进行学习。

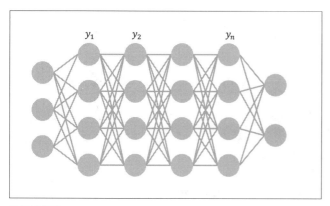

图 12.2　backpropagation（反向传播）

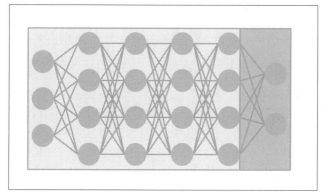

图 12.3　深度学习的模型

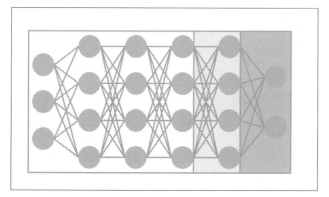

图 12.4　更新权重

如果用公式表示以上内容，第 n 层的输出为 y_n，则第 1 层的斜率如图 12.5 中的公式所示。第 n 层对第 $n-1$ 层求微分传播权值，第 $n-1$ 层对第 $n-2$ 层求微分传播权值等，这叫作链式法则。

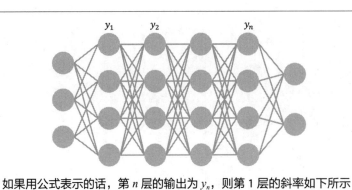

如果用公式表示的话，第 n 层的输出为 y_n，则第 1 层的斜率如下所示

$$\frac{\partial L}{\partial w_i} = \frac{\partial L}{\partial y_n} \frac{\partial y_n}{\partial y_{n-1}} \cdots \frac{\partial y_2}{\partial y_1} \frac{\partial y_1}{\partial w_i}$$

图 12.5　用公式表示

12.2 CrossEntropy

本节将介绍 CrossEntropy。

什么是 CrossEntropy

CrossEntropy 是损失函数的一种。如第 11 章所述，将 MSE 作为 Loss 可以输出连续的数值。

当处理离散值时，通常使用 CrossEntropy。例如输出为 0，1，0 和 0，其中一个是 1，其余是 0。CrossEntropy 的原理解释起来有点难理解，所以不再赘述。CrossEntropy 与 Kullback-Leibler 的差异和大小关系是一致的，也就是说相当于进行了最大似然估计。

12.3 softmax

本节将介绍 softmax。

什么是 softmax

softmax 将神经网络的数值输出转换为概率输出。可确保每个期望种类输出都在 0～1 之间，并且输出的总和为 1。与简单取 Max 的区别在于 softmax 是可微分的。这是计算反向传播的必要条件。

12.4 SGD

本节将介绍 SGD。

什么是 SGD

SGD 是一种优化方法（Optimizer），是随机梯度下降法（Stochastic Gradient Descent），它是对最速下降法的一种改进。

在最速下降法里，斜率是从所有学习数据中计算 Loss 函数得到的。在 SGD 里，斜率是从学习数据中的一部分数据中计算 Loss 函数得到的，并重复进行权重更新的过程。通常每经过一个训练周期，数据都会随机洗牌。其中的"一部分数据"被称为小批量数据。小批量的大小通常在 1～100 之间。

通过使用 SGD，神经网络可以避免陷入局部最优解。局部最优解是指在邻域内附近 Loss 最小的点。另外全域上 Loss 最小的点被称为全局最优解。

12.5 梯度消失问题

本节将介绍梯度消失问题。

什么是梯度消失问题

在进行深度学习的时候,有一个绕不开的问题,就是梯度消失问题。

理论上,通过反向传播,可以学习任意深度的神经网络。那么为什么深度学习直到近年来都没有发展起来呢?这跟梯度消失问题有很大的关系。而其消失的原因与激活函数有关系。

图 12.6 展示了梯度消失问题的简单说明。sigmoid 函数的最大斜率为 0.25。基于反向传播的公式,再来看一下微分链式法则。随着层数深度的增加,反向传播时微分计算将继续乘以 0.25,这会导致梯度指数性缩小。记神经网络的层数为 n,梯度最多可达 0.25 的 n 次方。

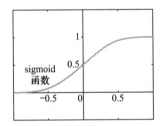

sigmoid 函数的最大斜率为 0.25。

基于反向传播的公式,再来看一下微分链式法则。随着层数深度的增加,反向传播时微分计算将继续乘以 0.25,这会导致梯度指数性缩小。

$$\frac{\partial L}{\partial w_i} = \frac{\partial L}{\partial y_n}\underbrace{\frac{\partial y_n}{\partial y_{n-1}}}_{\times 0.25}\underbrace{\cdots}_{\times 0.25}\underbrace{\frac{\partial y_2}{\partial y_1}}_{\times 0.25}\frac{\partial y_1}{\partial w_i}$$

记神经网络的层数为 n,梯度最多可达 0.25 的 n 次方。

图 12.6 梯度消失问题

使用 sigmoid 作为激活函数可能会导致梯度消失的问题。因此为了避免梯度消失问题,最近在神经网络中通常如图 12.7 右侧所示使用 ReLU 函数,来替代 sigmoid 函数(见图 12.7)。ReLU 是 Rectified Linear Unit 的缩写,称为修正线性单元。其函数公式为 $\max(0, x)$。ReLU 在大于 0 的部分的斜率始终为 1,从而在梯度反向传播时避免了梯度消失。

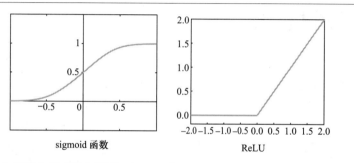

为了避免梯度消失问题，用 ReLU（Rectified Linear Unit: 修正线性单元）代替 S 形函数。ReLU 用 max(0, x) 表示。在 ReLU 中，大于 0 的部分的斜率为 1，并且不发生梯度消失。

图 12.7 梯度消失问题和 ReLU

12.6 深度学习的应用

本节将介绍深度学习的实际应用案例。介绍时参考深度学习的程序脚本。

手写数字的识别

本小节介绍手写数字的识别应用案例。这里使用 MNIST（参见备忘 1）数据集。您可以使用 Keras 提供的方法轻松下载 MNIST 数据。首先导入所需的模块（见清单 12.1）。

> **备忘 1**
>
> **MNIST**
>
> MNIST 是一个用于手写数字识别的数据集。

清单 12.1 模块的 import

In
```
from keras.models import Sequential
from keras.layers import Dense, Activation, Flatten, ➡
Conv2D, MaxPooling2D, BatchNormalization, ➡
GlobalAveragePooling2D
from keras.utils import to_categorical
import numpy as np
from keras.datasets import mnist, cifar10
```

Out
```
Using TensorFlow backend.
```

（1）MNIST

MNIST 是用于手写数字识别的数据集（见清单 12.2）。可以使用 Keras 提供的方法加载数据集。可使用 to_categorical 方法将导入的监督数据转换为 0 和 1。

清单 12.2 MNIST

In
```
# 下载 MNIST
```

```
(x_train, y_train), (x_test, y_test) = mnist.load_data()
y_train = to_categorical(y_train)
y_test = to_categorical(y_test)
```

Out

```
Downloading data from https://s3.amazonaws.com/ ➡
img-datasets/mnist.npz
11493376/11490434 [==============================] - ➡
12s 1us/step
```

（2）数据展示

让我们来看看 MNIST 中的前 10 个数据。运行清单 12.3 中的代码可以输出图像。

清单 12.3 数据展示

In

```
import matplotlib.pyplot as plt
%matplotlib inline
for i in range(10):
    img=x_train[i]
    plt.subplot(2, 5, i+1)
    plt.imshow(img)
plt.show()
```

Out

```
# 参照图 12.8
```

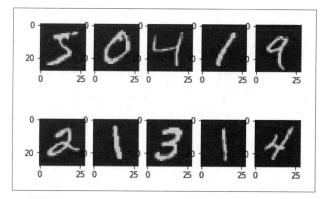

图 12.8 运行结果

12.7 利用全连接神经网络进行分类

本节将介绍如何使用全连接神经网络对 MNIST 进行分类。

全连接神经网络分类的实例

与第 11 章中的单层感知器一样,全连接神经网络同样使用 Sequential 型的接口(Sequential API)。MNIST 图像以二维数据格式存储,因此使用 Flatten 方法将数据展平为一维数据(见清单 12.4 ①)。然后添加 Dense(全连接层)(见清单 12.4 ②)。例子中添加了 100 个神经元的全连接层。同时添加 ReLU 作为激活函数。

在下一层中,我们将以同样的方式添加连接 100 个神经元的全连接层,但我们将使用 sigmoid 作为激活函数(见清单 12.4 ③)。

在下一层中,由于有 10 种手写数字,我们将具有 10 个神经元的全连接层连接起来作为输出层(见清单 12.4 ④)。使用 softmax 作为激活函数(见清单 12.4 ⑤)。编译模型并将 Loss 设置为 categorical_crossentropy(见清单 12.4 ⑤)。

评价函数 metrics 设置为正确率 accuracy(见清单 12.4 ⑤)。执行 model.fit 即可进行模型学习。这里设置学习周期为 20 epochs(见清单 12.4 ⑥)。

最后执行 model.evaluate 来评估模型的分类准确率(见清单 12.4 ⑦)。

全部设置好之后运行神经网络。程序执行的过程中会自动打印日志,来展示学习过程。等待程序训练学习 20 epochs 之后,正确率增加为 96.99%。到此,我们就可以使用 Keras 编写一个简单的深度学习的程序了。

清单 12.4 运行神经网络

In

```
model = Sequential()
model.add(Flatten(input_shape=(28, 28)))                          ①
model.add(Dense(100, activation='relu'))                          ②
model.add(Dense(100, activation='sigmoid'))                       ③
model.add(Dense(10))                                              ④
model.add(Activation('softmax'))
model.compile(optimizer='sgd', loss=➡                             ⑤
'categorical_crossentropy', metrics=['accuracy'])
model.fit(x_train, y_train, validation_data=➡                     ⑥
[x_test, y_test], epochs=20)
loss, acc = model.evaluate(x_test, y_test)                        ⑦
print(f"Acc: {acc*100}%")
```

Out

```
Train on 60000 samples, validate on 10000 samples
Epoch 1/20
60000/60000 [==============================] - 3s ⇒
45us/step - loss: 0.6015 - acc: 0.8448 - val_loss: ⇒
0.3245 - val_acc: 0.9115
Epoch 2/20
60000/60000 [==============================] - 2s ⇒
36us/step - loss: 0.2833 - acc: 0.9212 - val_loss: ⇒
0.2359 - val_acc: 0.9336
Epoch 3/20
60000/60000 [==============================] - 2s ⇒
35us/step - loss: 0.2302 - acc: 0.9347 - val_loss: ⇒
0.2078 - val_acc: 0.9390
Epoch 4/20
60000/60000 [==============================] - 2s ⇒
36us/step - loss: 0.1950 - acc: 0.9446 - val_loss: ⇒
0.1896 - val_acc: 0.9447
Epoch 5/20
60000/60000 [==============================] - 2s ⇒
35us/step - loss: 0.1746 - acc: 0.9487 - val_loss: ⇒
0.1888 - val_acc: 0.9442
Epoch 6/20
60000/60000 [==============================] - 2s ⇒
36us/step - loss: 0.1550 - acc: 0.9550 - val_loss: ⇒
0.1568 - val_acc: 0.9565
Epoch 7/20
60000/60000 [==============================] - 2s ⇒
36us/step - loss: 0.1446 - acc: 0.9582 - val_loss: ⇒
0.1430 - val_acc: 0.9592
Epoch 8/20
60000/60000 [==============================] - 2s ⇒
36us/step - loss: 0.1335 - acc: 0.9612 - val_loss: ⇒
0.1356 - val_acc: 0.9589
Epoch 9/20
60000/60000 [==============================] - 2s ⇒
35us/step - loss: 0.1203 - acc: 0.9656 - val_loss: ⇒
0.1262 - val_acc: 0.9637
Epoch 10/20
60000/60000 [==============================] - 2s ⇒
35us/step - loss: 0.1145 - acc: 0.9664 - val_loss: ⇒
0.1298 - val_acc: 0.9632
Epoch 11/20
```

```
60000/60000 [==============================] - 2s
35us/step - loss: 0.1098 - acc: 0.9684 - val_loss:
0.1172 - val_acc: 0.9668
Epoch 12/20
60000/60000 [==============================] - 2s
35us/step - loss: 0.1053 - acc: 0.9691 - val_loss:
0.1187 - val_acc: 0.9650
Epoch 13/20
60000/60000 [==============================] - 2s
35us/step - loss: 0.0951 - acc: 0.9723 - val_loss:
0.1165 - val_acc: 0.9660
Epoch 14/20
60000/60000 [==============================] - 2s
35us/step - loss: 0.0924 - acc: 0.9731 - val_loss:
0.1124 - val_acc: 0.9674
Epoch 15/20
60000/60000 [==============================] - 2s
35us/step - loss: 0.0908 - acc: 0.9730 - val_loss:
0.1114 - val_acc: 0.9655
Epoch 16/20
60000/60000 [==============================] - 2s
36us/step - loss: 0.0862 - acc: 0.9743 - val_loss:
0.1038 - val_acc: 0.9682
Epoch 17/20
60000/60000 [==============================] - 2s
35us/step - loss: 0.0826 - acc: 0.9757 - val_loss:
0.1070 - val_acc: 0.9682
Epoch 18/20
60000/60000 [==============================] - 2s
35us/step - loss: 0.0766 - acc: 0.9780 - val_loss:
0.1032 - val_acc: 0.9686
Epoch 19/20
60000/60000 [==============================] - 2s
36us/step - loss: 0.0740 - acc: 0.9786 - val_loss:
0.0959 - val_acc: 0.9713
Epoch 20/20
60000/60000 [==============================] - 2s
35us/step - loss: 0.0696 - acc: 0.9794 - val_loss:
0.0984 - val_acc: 0.9699
10000/10000 [==============================] - 0s
17us/step
Acc: 96.99%
```

12.8 利用全连接神经网络进行分类（CIFAR10）

> 本节将介绍如何使用全连接神经网络对 CIFAR10 进行分类。

CIFAR10 图像分类的实例

CIFAR10 是用于 10 个类别的一般物体识别的数据集。可以使用 Keras 提供的方法加载数据集，就像加载 MNIST 一样。运行清单 12.5 的代码将下载数据集。

清单 12.5 下载 CIFAR10

In

```
# 下载 CIFAR10
(x_train, y_train), (x_test, y_test) = cifar10.load_data()
y_train = to_categorical(y_train)
y_test = to_categorical(y_test)
```

Out

```
Downloading data from https://www.cs.toronto.edu/➡
~kriz/cifar-10-python.tar.gz
170500096/170498071 [==============================] - ➡
98s 1us/step
```

（1）数据展示

下面我们来展示一下 CIFAR10 的图片数据。运行清单 12.6 的代码可查看图片。CIFAR10 图片数据包括汽车、马、鸟等数据（见图 12.9）。

清单 12.6 数据展示

In

```
import matplotlib.pyplot as plt
for i in range(20):
    img=x_train[i]
    plt.subplot(4, 5, i+1)
    plt.imshow(img)
plt.show()
```

Out

```
# 参照图 12.9
```

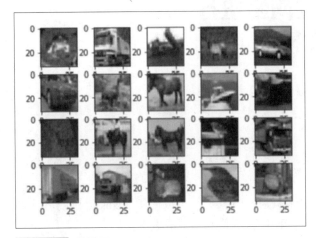

图 12.9 数据展示

（2）使用全连接神经网络分类

现在使用与在 MNIST 中使用的结构相同的神经网络对 CIFAR10 数据集进行分类。仅有一部分不同之处。因为 CIFAR10 是彩色图像，所以输入图像数据包含 x 轴和 y 轴，以及 RBG 3 个颜色通道。将其展平为一维数据（见清单 12.7 ①）并运行程序。20 个 epochs 的训练学习结束后，输出正确率为 11.46%。正确率比 11% 稍微好一点。不过，数据集本身包含 10 个种类，随机猜测分类的时候也能达到 10% 左右的正确率，所以 11.46% 的正确率几乎和瞎猜没什么区别。与 MNIST 相比，CIFAR10 的分类是一个稍难一些的问题。那么如何提高分类正确率呢？在后面的小节（更具体地在 12.11 节）中将介绍解决方法。

清单 12.7 使用全连接神经网络分类

In

```
model = Sequential()
model.add(Flatten(input_shape=(32, 32, 3)))  ①
model.add(Dense(100, activation='relu'))
model.add(Dense(100, activation='sigmoid'))
model.add(Dense(10))
model.add(Activation('softmax'))
model.compile(optimizer='sgd',
loss='categorical_crossentropy', metrics=['accuracy'])
model.fit(x_train, y_train, validation_data=
[x_test, y_test], epochs=20)
loss, acc = model.evaluate(x_test, y_test)
print(f"Acc: {acc*100}%")
```

Out

```
Train on 50000 samples, validate on 10000 samples
Epoch 1/20
50000/50000 [==============================] - 4s
78us/step - loss: 2.3082 - acc: 0.0990 - val_loss:
2.3068 - val_acc: 0.0996
Epoch 2/20
50000/50000 [==============================] - 4s
78us/step - loss: 2.3062 - acc: 0.0999 - val_loss:
2.3045 - val_acc: 0.1002
Epoch 3/20
50000/50000 [==============================] - 4s
82us/step - loss: 2.3061 - acc: 0.0982 - val_loss:
2.3056 - val_acc: 0.1001
Epoch 4/20
50000/50000 [==============================] - 4s
79us/step - loss: 2.3064 - acc: 0.0995 - val_loss:
2.3056 - val_acc: 0.1043
Epoch 5/20
50000/50000 [==============================] - 4s
79us/step - loss: 2.3058 - acc: 0.0995 - val_loss:
2.3049 - val_acc: 0.1001
Epoch 6/20
50000/50000 [==============================] - 4s
80us/step - loss: 2.3058 - acc: 0.1009 - val_loss:
2.3085 - val_acc: 0.0998
Epoch 7/20
50000/50000 [==============================] - 4s
81us/step - loss: 2.3060 - acc: 0.0999 - val_loss:
2.3053 - val_acc: 0.1001
Epoch 8/20
50000/50000 [==============================] - 4s
79us/step - loss: 2.3066 - acc: 0.0979 - val_loss:
2.3085 - val_acc: 0.1002
Epoch 9/20
50000/50000 [==============================] - 4s
78us/step - loss: 2.3066 - acc: 0.1028 - val_loss:
2.3061 - val_acc: 0.1013
Epoch 10/20
50000/50000 [==============================] - 4s
80us/step - loss: 2.3058 - acc: 0.1029 - val_loss:
2.3192 - val_acc: 0.1464
Epoch 11/20
```

```
50000/50000 [==============================] - 4s
80us/step - loss: 2.3028 - acc: 0.1060 - val_loss:
2.2977 - val_acc: 0.1019
Epoch 12/20
50000/50000 [==============================] - 4s
79us/step - loss: 2.2674 - acc: 0.1375 - val_loss:
2.2303 - val_acc: 0.1586
Epoch 13/20
50000/50000 [==============================] - 4s
78us/step - loss: 2.2170 - acc: 0.1487 - val_loss:
2.1961 - val_acc: 0.1382
Epoch 14/20
50000/50000 [==============================] - 4s
78us/step - loss: 2.1970 - acc: 0.1567 - val_loss:
2.1703 - val_acc: 0.1744
Epoch 15/20
50000/50000 [==============================] - 4s
79us/step - loss: 2.2055 - acc: 0.1509 - val_loss:
2.1603 - val_acc: 0.1658
Epoch 16/20
50000/50000 [==============================] - 4s
77us/step - loss: 2.2212 - acc: 0.1533 - val_loss:
2.1384 - val_acc: 0.1698
Epoch 17/20
50000/50000 [==============================] - 4s
77us/step - loss: 2.1708 - acc: 0.1616 - val_loss:
2.1533 - val_acc: 0.1577
Epoch 18/20
50000/50000 [==============================] - 4s
77us/step - loss: 2.1669 - acc: 0.1579 - val_loss:
2.2621 - val_acc: 0.1184
Epoch 19/20
50000/50000 [==============================] - 4s
79us/step - loss: 2.1740 - acc: 0.1646 - val_loss:
2.1466 - val_acc: 0.1602
Epoch 20/20
50000/50000 [==============================] - 4s
77us/step - loss: 2.1642 - acc: 0.1680 - val_loss:
2.2858 - val_acc: 0.1146
10000/10000 [==============================] - 0s
28us/step
Acc: 11.459999999999999%
```

12.9 卷积层神经网络简介

本节将介绍卷积层神经网络。

12.9.1 深度学习中层的种类

首先介绍一下深度学习中使用的层的类型（见图 12.10）。深度学习中使用的层大致分为三种。

第一种是全连接层。在全连接层里，所有下一层的神经元和所有上一层的神经元都有连接。这也被称为 Fully Connected Layer 或 Densely Connected Layer。到目前为止出现过几次的 Dense 层就是全连接层。

深度学习中使用的层有以下几种

全连接层
- 目前为止讲述的所有下层神经元和所有上层神经元都有连接的层
- 也称作 Fully Connected Layer 或 Densely Connected Layer

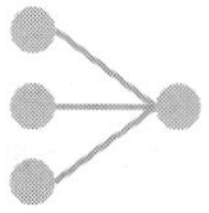

卷积层
- 对下层部分区域起作用的层
- Convolution Layer
- 将在本章中介绍

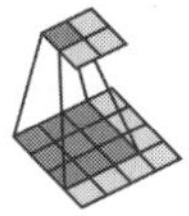

递归层
- 上层输出递归返回到下层的层
- Recurrent Layer
- 本书中不做介绍

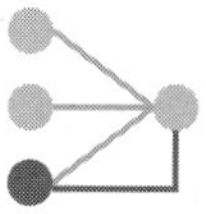

图 12.10　层的种类

接下来要介绍的就是卷积层。卷积层只对下一层的部分区域起作用。称为 Convolution Layer。还有一种是递归层，这在本书中不涉及。递归层接收上一层的输出递归并返回到下一层，称为 Recurrent Layer。

12.9.2 什么是卷积层神经网络

下面我们来介绍一下卷积层神经网络。图 12.11 中的图表显示了 ImageNet 的识别误差精度。ImageNet 是图像识别领域的常用基准。在 2012 年，通过深度学习，图像识别的性能得到了很大的提升。使用的正是卷积层神经网络。此后，随着深度学习的发展，ImageNet 的识别误差也越来越小。

经常用于图像识别的网络。2012 年，由于卷积层神经网络在 ImageNet 上表现出了远高于以往的性能，从而掀起了深度学习的热潮。

图 12.11　卷积层神经网络

12.9.3　卷积层神经网络的计算方法

现在，我们将在图 12.12 中讨论卷积层神经网络的计算方法。卷积层神经网络是对下层部分区域起作用的神经网络。如图 12.12 所示，左边的输入在通过中间的滤波器时，将对输入与滤波器的权重乘积求和。即对于每个滤波器的权重，将每个输入相乘，然后将输出相加。这种运算叫作卷积运算。移动滤波器计算一次卷积，然后重复多次。计算结果显示，输入 1～7 经过卷积计算，输出为 7、10、13、16 和 19。

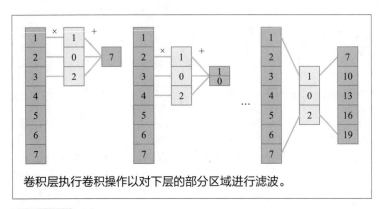

卷积层执行卷积操作以对下层的部分区域进行滤波。

图 12.12　卷积层

在卷积层神经网络中，会进行一种叫作最大池化的处理。"Max Pooling"是池化层，它可以输出下一层某个区域的最大值。例如从图 12.13 所示的三个值中提取最大值。重复操作直到最后一个输入，可以得到如图 12.13 所示的输出。最大池化的作用是进行特征提取和特征选择。

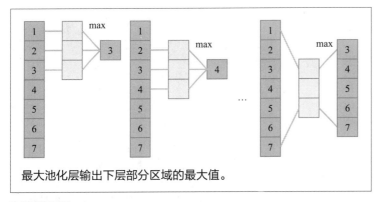

最大池化层输出下层部分区域的最大值。

图 12.13 最大池化层

与最大池化非常相似的是平均池化。"Average Pooling"池化层输出下一层某些区域的平均值。如图 12.14 所示，输出为 1～7，左侧小区域输出区域的平均值 2，右侧则输出平均值 2，3，4，5 和 6。

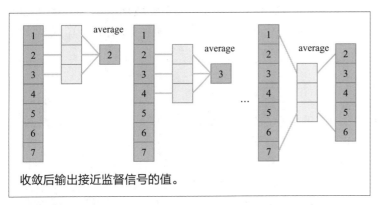

收敛后输出接近监督信号的值。

图 12.14 平均池化层

12.10 批量正则化

本节将介绍批量正则化。

批量正则化的概述

批量正则化（Batch Normalization）是一种稳定深度学习过程的方法。其目的是消除内部协变量的偏移，保持每一层输入分布相同。

（1）协变量偏移

首先，我们将讨论协变量偏移。协变量偏移是指训练样本数据和用于预测样本的数据分布的偏差。一旦出现协变量偏移，机器学习系统就无法很好地预测。为了解决此问题，通常使用一种称为归一化的方法。归一化可以将输入数据转换为均值为 0，方差为 1 的分布状况。

（2）内部协变量偏移

内部协变量偏移是深度学习网络的层与层之间发生的协变量偏移。在学习训练过程中，下层的输出与上层的输入的分布发生了协变量偏移。

图 12.15 说明了上述内容。内部协变量偏移发生在图 12.15 中左侧神经网络中。下层的输入在计算输出的时候，并不是直接传播，而是与上层神经元错位地传递。如果发生这样的事情，就会花费大量的时间进行错位式的学习，学习过程就会变得非常缓慢。因此，人为调整偏差的方法就是批量正则化。批量正则化吸收了内部协变量偏移，从而加快了学习训练速度。

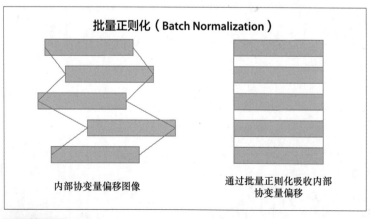

图 12.15 批量正则化

12.11 Global Average Pooling

本节将介绍 Global Average Pooling。

什么是 Global Average Pooling

Global Average Pooling 是一种用于图像识别的方法。它可以减少 softmax 的计算量，并稍微提高分类性能。

在做 softmax 计算时，如果不使用 Global Average Pooling，则将看到图 12.16 左侧的变化。如果有多个过滤器，则必须将其设置为一维，乘以 softmax 以减少计算量。过滤器的大小为 l，过滤器的数量为 n，softmax 输出个数为 m。则将产生 $l \times n \times m$ 次计算。

如果使用 Global Average Pooling，即用单个过滤器的平均值参与计算，相当于单个节点的计算量。这样可将计算次数减少到 $n \times m$。

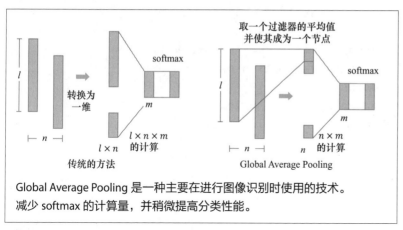

Global Average Pooling 是一种主要在进行图像识别时使用的技术。减少 softmax 的计算量，并稍微提高分类性能。

图 12.16　Global Average Pooling

（1）基于卷积层神经网络的图像识别

现在，让我们通过卷积层神经网络来识别 CIFAR10。同样使用 Sequential API 来搭建 model（见清单 12.8 ①）。

首先，我们将创建一个名为 Conv2D 的二维卷积层。过滤器的个数为 100 个，每个过滤器的大小为 3×3。可对下层 3×3 的区域起作用。激活函数使用 ReLU（见清单 12.8 ②）。

然后进行 MaxPooling（见清单 12.8 ③）。同时，添加相同大小的卷积层（见清单 12.8 ④），然后再次进行 MaxPooling（见清单 12.8 ⑤）。然后将 MaxPooling 结果展平为 1 维，以乘以 softmax（见清单 12.8 ⑥）。然后又添加了一个全连接层，并用 sigmoid 函数作为激活函数（见清单 12.8 ⑦）。因为输出是 10 类，所以需要添加一层 10 个神经元的 Dense 全连接层（见清单 12.8 ⑧），并用 softmax 函数作为激活函数，用最速下降法作为优化器（见清单 12.8 ⑨）。loss 设置为 categorical_crossentropy。在 metrics 中使用正确率作为评价标准（见清单 12.8 ⑩）。执行 model.fit，让网络学习 20 个周期（见清单 12.8⑪）。20 epochs 的训练学习结束后，结果显示正确率达到 54.22% 左右。

清单 12.8 使用卷积层神经网络分类

In

```
model = Sequential()                                              ①
model.add(Conv2D(100, (3, 3), activation='relu',
    input_shape=(32, 32, 3)))                                     ②
model.add(MaxPooling2D())                                         ③
model.add(Conv2D(100, (3, 3), activation='relu'))                 ④
model.add(MaxPooling2D())                                         ⑤
model.add(Flatten())                                              ⑥
model.add(Dense(100, activation='sigmoid'))                       ⑦
model.add(Dense(10))                                              ⑧
model.add(Activation('softmax'))                                  ⑨
model.compile(optimizer='sgd', loss=
    'categorical_crossentropy', metrics=['accuracy'])             ⑩
model.fit(x_train, y_train, validation_data=
    [x_test, y_test], epochs=20)                                  ⑪
loss, acc = model.evaluate(x_test, y_test)
print(f"Acc: {acc*100}%")
```

Out

```
Train on 50000 samples, validate on 10000 samples
Epoch 1/20
50000/50000 [==============================] - 77s
2ms/step - loss: 2.1905 - acc: 0.1696 - val_loss:
1.9073 - val_acc: 0.2633
Epoch 2/20
50000/50000 [==============================] - 78s
2ms/step - loss: 1.6679 - acc: 0.3972 - val_loss:
1.5408 - val_acc: 0.4378
Epoch 3/20
50000/50000 [==============================] - 79s
2ms/step - loss: 1.4487 - acc: 0.4819 - val_loss:
1.3696 - val_acc: 0.5071
Epoch 4/20
50000/50000 [==============================] - 79s
```

```
                                 2ms/step - loss: 1.3250 - acc: 0.5269 - val_loss: ➡
1.3123 - val_acc: 0.5328
Epoch 5/20
50000/50000 [==============================] - 79s ➡
2ms/step - loss: 1.2495 - acc: 0.5586 - val_loss: ➡
1.2959 - val_acc: 0.5364
Epoch 6/20
50000/50000 [==============================] - 79s ➡
2ms/step - loss: 1.2082 - acc: 0.5725 - val_loss: ➡
1.2738 - val_acc: 0.5484
Epoch 7/20
50000/50000 [==============================] - 79s ➡
2ms/step - loss: 1.1762 - acc: 0.5845 - val_loss: ➡
1.1941 - val_acc: 0.5812
Epoch 8/20
50000/50000 [==============================] - 79s ➡
2ms/step - loss: 1.1624 - acc: 0.5918 - val_loss: ➡
1.1663 - val_acc: 0.5923
Epoch 9/20
50000/50000 [==============================] - 79s ➡
2ms/step - loss: 1.1608 - acc: 0.5918 - val_loss: ➡
1.2702 - val_acc: 0.5521
Epoch 10/20
50000/50000 [==============================] - 79s ➡
2ms/step - loss: 1.1413 - acc: 0.5992 - val_loss: ➡
1.2349 - val_acc: 0.5624
Epoch 11/20
50000/50000 [==============================] - 79s ➡
2ms/step - loss: 1.1313 - acc: 0.6015 - val_loss: ➡
1.2194 - val_acc: 0.5709
Epoch 12/20
50000/50000 [==============================] - 80s ➡
2ms/step - loss: 1.1366 - acc: 0.5997 - val_loss: ➡
1.2122 - val_acc: 0.5748
Epoch 13/20
50000/50000 [==============================] - 80s ➡
2ms/step - loss: 1.1423 - acc: 0.5988 - val_loss: ➡
1.2104 - val_acc: 0.5774
Epoch 14/20
50000/50000 [==============================] - 79s ➡
2ms/step - loss: 1.1498 - acc: 0.5944 - val_loss: ➡
1.2501 - val_acc: 0.5617
```

```
Epoch 15/20
50000/50000 [==============================] - 79s ➡
2ms/step - loss: 1.1535 - acc: 0.5946 - val_loss: ➡
1.1782 - val_acc: 0.5897
Epoch 16/20
50000/50000 [==============================] - 80s ➡
2ms/step - loss: 1.1700 - acc: 0.5888 - val_loss: ➡
1.2002 - val_acc: 0.5759
Epoch 17/20
50000/50000 [==============================] - 82s ➡
2ms/step - loss: 1.1784 - acc: 0.5860 - val_loss: ➡
1.2043 - val_acc: 0.5780
Epoch 18/20
50000/50000 [==============================] - 80s ➡
2ms/step - loss: 1.1875 - acc: 0.5773 - val_loss: ➡
1.2335 - val_acc: 0.5647
Epoch 19/20
50000/50000 [==============================] - 81s ➡
2ms/step - loss: 1.2173 - acc: 0.5723 - val_loss: ➡
1.3640 - val_acc: 0.5122
Epoch 20/20
50000/50000 [==============================] - 81s ➡
2ms/step - loss: 1.2213 - acc: 0.5693 - val_loss: ➡
1.2915 - val_acc: 0.5422
10000/10000 [==============================] - 5s ➡
517us/step
Acc: 54.22%
```

对比清单 12.7 的正确率为 10% 左右，可以看出 CNN 非常适合一般物体识别。特别是根据 MaxPooling 的特征选择机制非常适合图像识别。如果读者感兴趣，请尝试移除 MaxPooling。虽然这里不执行，但是正确率会大大降低。

（2）加入 BatchNormalization 的图像识别

那么如何才能更进一步提高正确率呢？为了提高正确率，我们决定加入 BatchNormalization（见清单 12.9）。将 BatchNormalization 加到刚才的神经网络的卷积层和 MaxPooling 层之间，其他和以前一样。等待 20 epochs 训练完成后，结果显示如果加入 BatchNormalization，正确率达 72.67% 左右。而不加入 BatchNormalization 时正确率为 54.22% 左右，可以看出正确率提升相当明显。因此如果加入 BatchNormalization 则有助于提高正确率。

清单 12.9 加入 BatchNormalization 层进行图像识别

In

```python
model = Sequential()
model.add(Conv2D(100, (3, 3), activation='relu', ➡
input_shape=(32, 32, 3)))
model.add(BatchNormalization())
model.add(MaxPooling2D())
model.add(Conv2D(100, (3, 3), activation='relu'))
model.add(BatchNormalization())
model.add(MaxPooling2D())
model.add(Flatten())
model.add(Dense(100, activation='sigmoid'))
model.add(Dense(10))
model.add(Activation('softmax'))
model.compile(optimizer='sgd', ➡
loss='categorical_crossentropy', metrics=['accuracy'])
model.fit(x_train, y_train, validation_data= ➡
[x_test, y_test], epochs=20)
loss, acc = model.evaluate(x_test, y_test)
print(f"Acc: {acc*100}%")
```

Out

```
Train on 50000 samples, validate on 10000 samples
Epoch 1/20
50000/50000 [==============================] - 321s ➡
6ms/step - loss: 1.4617 - acc: 0.4882 - val_loss: ➡
1.4120 - val_acc: 0.5026
Epoch 2/20
50000/50000 [==============================] - 317s ➡
6ms/step - loss: 1.1156 - acc: 0.6180 - val_loss: ➡
1.1027 - val_acc: 0.6211
Epoch 3/20
50000/50000 [==============================] - 316s ➡
6ms/step - loss: 0.9739 - acc: 0.6668 - val_loss: ➡
1.0224 - val_acc: 0.6452
Epoch 4/20
50000/50000 [==============================] - 313s ➡
6ms/step - loss: 0.8791 - acc: 0.6987 - val_loss: ➡
1.1483 - val_acc: 0.6050
Epoch 5/20
50000/50000 [==============================] - 312s ➡
6ms/step - loss: 0.8052 - acc: 0.7268 - val_loss: ➡
0.9111 - val_acc: 0.6860
```

```
Epoch 6/20
50000/50000 [==============================] - 314s
6ms/step - loss: 0.7435 - acc: 0.7473 - val_loss:
0.9164 - val_acc: 0.6841
Epoch 7/20
50000/50000 [==============================] - 315s
6ms/step - loss: 0.6889 - acc: 0.7668 - val_loss:
1.0936 - val_acc: 0.6222
Epoch 8/20
50000/50000 [==============================] - 316s
6ms/step - loss: 0.6393 - acc: 0.7857 - val_loss:
1.1575 - val_acc: 0.6115
Epoch 9/20
50000/50000 [==============================] - 313s
6ms/step - loss: 0.5896 - acc: 0.8026 - val_loss:
0.8761 - val_acc: 0.6997
Epoch 10/20
50000/50000 [==============================] - 315s
6ms/step - loss: 0.5482 - acc: 0.8176 - val_loss:
0.9791 - val_acc: 0.6639
Epoch 11/20
50000/50000 [==============================] - 316s
6ms/step - loss: 0.5083 - acc: 0.8311 - val_loss:
0.9402 - val_acc: 0.6869
Epoch 12/20
50000/50000 [==============================] - 315s
6ms/step - loss: 0.4677 - acc: 0.8471 - val_loss:
0.8309 - val_acc: 0.7203
Epoch 13/20
50000/50000 [==============================] - 317s
6ms/step - loss: 0.4306 - acc: 0.8611 - val_loss:
0.8888 - val_acc: 0.7042
Epoch 14/20
50000/50000 [==============================] - 316s
6ms/step - loss: 0.3935 - acc: 0.8754 - val_loss:
0.8074 - val_acc: 0.7222
Epoch 15/20
50000/50000 [==============================] - 324s
6ms/step - loss: 0.3602 - acc: 0.8881 - val_loss:
0.8675 - val_acc: 0.7063
Epoch 16/20
50000/50000 [==============================] - 317s
6ms/step - loss: 0.3274 - acc: 0.9020 - val_loss:
```

```
0.8468 - val_acc: 0.7174
Epoch 17/20
50000/50000 [==============================] - 323s
6ms/step - loss: 0.2986 - acc: 0.9138 - val_loss:
0.8430 - val_acc: 0.7244
Epoch 18/20
50000/50000 [==============================] - 319s
6ms/step - loss: 0.2693 - acc: 0.9251 - val_loss: 0.8259 - val_acc:
0.7319
Epoch 19/20
50000/50000 [==============================] - 319s
6ms/step - loss: 0.2425 - acc: 0.9352 - val_loss:
0.9721 - val_acc: 0.7014
Epoch 20/20
50000/50000 [==============================] - 319s
6ms/step - loss: 0.2185 - acc: 0.9441 - val_loss:
0.8685 - val_acc: 0.7267
10000/10000 [==============================] - 19s
2ms/step
Acc: 72.67%
```

（3）使用 Global Average Pooling 的图像识别

让我们看一个使用 Global Average Pooling 的示例（见清单 12.10）。Global Average Pooling 方法将 softmax 的前一层（以前是 flatten 层）更改为 GlobalAveragePooling 层。运行代码，然后等待 20 个 epochs 训练完成。结果显示这次的正确率为 66.60%，低于 70%。在使用更大的网络进行实际操作时，使用 Global Average Pooling 可以提高性能。因此其也可以作为一种提高正确率的方法。

清单 12.10 使用 Global Average Pooling 进行图像识别

In

```
model = Sequential()
model.add(Conv2D(100, (3, 3), activation='relu',
input_shape=(32, 32, 3)))
model.add(BatchNormalization())
model.add(MaxPooling2D())
model.add(Conv2D(100, (3, 3), activation='relu'))
model.add(BatchNormalization())
model.add(MaxPooling2D())
model.add(GlobalAveragePooling2D())
model.add(Dense(100, activation='sigmoid'))
```

```python
model.add(Dense(10))
model.add(Activation('softmax'))
model.compile(optimizer='sgd',
    loss='categorical_crossentropy', metrics=['accuracy'])
model.fit(x_train, y_train, validation_data=
    [x_test, y_test], epochs=20)
loss, acc = model.evaluate(x_test, y_test)
print(f"Acc: {acc*100}%")
```

Out

```
Train on 50000 samples, validate on 10000 samples
Epoch 1/20
50000/50000 [==============================] - 318s
6ms/step - loss: 1.7633 - acc: 0.3803 - val_loss:
1.8022 - val_acc: 0.3261
Epoch 2/20
50000/50000 [==============================] - 321s
6ms/step - loss: 1.4976 - acc: 0.4690 - val_loss:
1.4822 - val_acc: 0.4615
Epoch 3/20
50000/50000 [==============================] - 319s
6ms/step - loss: 1.3855 - acc: 0.5099 - val_loss:
2.2339 - val_acc: 0.2420
Epoch 4/20
50000/50000 [==============================] - 318s
6ms/step - loss: 1.3065 - acc: 0.5346 - val_loss:
1.8413 - val_acc: 0.3624
Epoch 5/20
50000/50000 [==============================] - 319s
6ms/step - loss: 1.2437 - acc: 0.5623 - val_loss:
2.0373 - val_acc: 0.3443
Epoch 6/20
50000/50000 [==============================] - 319s
6ms/step - loss: 1.1826 - acc: 0.5853 - val_loss:
1.2606 - val_acc: 0.5333
Epoch 7/20
50000/50000 [==============================] - 316s
6ms/step - loss: 1.1291 - acc: 0.6062 - val_loss:
1.4136 - val_acc: 0.4861
Epoch 8/20
50000/50000 [==============================] - 318s
6ms/step - loss: 1.0865 - acc: 0.6197 - val_loss:
1.5808 - val_acc: 0.4264
```

```
Epoch 9/20
50000/50000 [==============================] - 318s ➡
6ms/step - loss: 1.0432 - acc: 0.6377 - val_loss: ➡
1.1990 - val_acc: 0.5857
Epoch 10/20
50000/50000 [==============================] - 316s ➡
6ms/step - loss: 1.0023 - acc: 0.6525 - val_loss: ➡
1.5741 - val_acc: 0.4465
Epoch 11/20
50000/50000 [==============================] - 314s ➡
6ms/step - loss: 0.9721 - acc: 0.6646 - val_loss: ➡
1.6942 - val_acc: 0.4568
Epoch 12/20
50000/50000 [==============================] - 319s ➡
6ms/step - loss: 0.9408 - acc: 0.6751 - val_loss: ➡
1.6191 - val_acc: 0.4418
Epoch 13/20
50000/50000 [==============================] - 318s ➡
6ms/step - loss: 0.9182 - acc: 0.6817 - val_loss: ➡
1.0642 - val_acc: 0.6167
Epoch 14/20
50000/50000 [==============================] - 314s ➡
6ms/step - loss: 0.8944 - acc: 0.6905 - val_loss: ➡
1.1339 - val_acc: 0.6069
Epoch 15/20
50000/50000 [==============================] - 313s ➡
6ms/step - loss: 0.8686 - acc: 0.7009 - val_loss: ➡
1.2458 - val_acc: 0.5620
Epoch 16/20
50000/50000 [==============================] - 320s ➡
6ms/step - loss: 0.8451 - acc: 0.7090 - val_loss: ➡
1.0063 - val_acc: 0.6491
Epoch 17/20
50000/50000 [==============================] - 321s ➡
6ms/step - loss: 0.8255 - acc: 0.7156 - val_loss: ➡
1.5857 - val_acc: 0.4658
Epoch 18/20
50000/50000 [==============================] - 318s ➡
6ms/step - loss: 0.8049 - acc: 0.7221 - val_loss: ➡
1.3947 - val_acc: 0.5339
Epoch 19/20
50000/50000 [==============================] - 317s ➡
6ms/step - loss: 0.7865 - acc: 0.7287 - val_loss: ➡
```

```
1.1313 - val_acc: 0.6127
Epoch 20/20
50000/50000 [==============================] - 319s ➡
6ms/step - loss: 0.7700 - acc: 0.7345 - val_loss: ➡
0.9993 - val_acc: 0.6660
10000/10000 [==============================] - 19s ➡
2ms/step
Acc: 66.60000000000001%
```

12.12 Keras

本节将介绍一个深度学习框架 Keras。

12.12.1 什么是 Keras

Keras 是 Python 的深度学习框架之一。其特征如图 12.17 所示。

首先，Keras 与其他框架相比，实现起来非常容易。它还具有高度的模块化特性，可以将网络描述为各个网络模块的组合。它还具有一定程度的可扩展性，可以添加自己的模块。因为它是在 Python 中实现的，所以它与 Python 程序具有很强的亲和力。然后，可以从 TensorFlow、CNTK 和 Theano 中选择一个数值计算库，称为后端。

更换了后端，数值计算的速度、内存的使用量等都会发生变化。

图 12.17 Keras
URL https://keras.io/ja/

12.12.2 Keras 的 Sequence 模型与 Model API

在 Keras 中，我们可以用两种方式来搭建神经网络。Sequence 模型和 Model API。

在 Sequence 模型中，我们可以像层层堆叠一样搭建神经网络。在 Model API 中，我们可以像调用函数一样搭建神经网络。在不习惯 Model API 之前，用 Sequence 模型来搭建网络会更容易一些。本书基本上也是用 Sequence 模型来搭建网络的。

接下来，让我们来看看 Keras 预先设定的神经网络层。

Dense 是全连接层，Conv1D、Conv2D 是卷积层，MaxPooling1D、AveragePooling1D 是 Pooling 层，SimpleRNN、LSTM、GRU 是递归层。其他更多的网络层另请参阅 Keras 的官方网站（网址 https://keras.io/ja/）。

12.12.3 Keras 的编程实例

本节将介绍如何实际使用 Keras 编写程序。

首先，代码 from keras.models import Sequential 将导入如 Sequential API（见清单 12.11 ①）。代码 model=Sequential() 将实例化一个序列对象（见清单 12.11 ②）。

清单 12.11 模型的 import

```
from keras.models import Sequential          ——①
model = Sequential()                          ——②
```

下面我们来看看清单 12.12。.add() 方法可以轻松地将网络层堆叠到现有模型中。首先，代码 from keras.layers import Dense 将导入全连接层（见清单 12.12 ①）。使用 model.add(Dense) 方法在模型上堆叠 Dense 层。设置参数 units=64，即指定了全连接层的神经元数目为 64。设置参数 activation='relu'，即指定了 relu 作为激活函数。设置参数 input_dim=100，则指定了此全连接层的 input 的维度为 100（见清单 12.12 ②）。接下来再次使用 model.add(Dense) 方法添加一个有 10 个神经元的 Dense 层，并使用 softmax 作为激活函数（见清单 12.12 ③）。

清单 12.12 网络层的堆叠

```
from keras.layers import Dense                                    ——①
model.add(Dense(units=64, activation='relu',
    input_dim=100))                                               ——②
model.add(Dense(units=10, activation='softmax'))                  ——③
```

如果模型各个层以及参数设置完毕，则可用 model.compile 方法来设置训练过程的细节。设置 Loss 为交叉熵函数 (loss='categorical_crossentropy')（见清单 12.13 ①），设置优化器为 SGD(optimizer='sgd')（见清单 12.13 ②），设置评估标准为正确率 (metrics=['accuracy'])（见清单 12.13 ③）。

清单 12.13 设置训练过程

```
model.compile(loss='categorical_crossentropy',                    ——①
        optimizer='sgd',                                           ——②
        metrics=['accuracy'])                                      ——③
```

最后我们来看看清单 12.14。model.fit() 方法可以设置学习批量数据大小参数，训练周期参数等。注意，训练数据 x_train 和 y_train 是 NumPy 的数组。设置参数 epochs=5，则训练 5 个 epochs。设置 batch_size=32，即指定每一次训练数据批量大小为 32（见清单 12.14 ①）。设置完毕后，就开始训练模型了。完整代码见清单 12.15。

清单 12.14 小批量训练数据的处理

```
# x_train 和 y_train 为 NumPy 的 Array（数组）
model.fit(x_train, y_train, epochs=5, batch_size=32)        ①
```

清单 12.15 Keras 代码示例

In

```
# model keras.models import Sequential
model = Sequential()

from keras.layers import Dense
model.add(Dense(units=64, activation='relu',
input_dim=100))
model.add(Dense(units=10, activation='softmax'))

model.compile(loss='categorical_crossentropy',
    optimizer='sgd',
    metrics=['accuracy'])

# x_train 和 y_train 为 Numpy 的 Array
model.fit(x_train, y_train, epochs=5, batch_size=32)
```

第13章 迁移学习与 NyanCheck 开发

本章将介绍如何利用名为 NyanCheck 的 AI 应用程序进行迁移学习。

13.1 迁移学习简介

> 本节将介绍迁移学习的概要。

什么是迁移学习

迁移学习是指使用预训练模型学习识别新的图像任务。本节和下一节不会进行代码实现，但我们将在 13.3 节之后的实际应用程序学习部分进行详细讨论。

本书中介绍的迁移学习使用名为 ImageNet 的数据集。ImageNet 是一个用于一般图像识别的数据集，由 1400 多万张图像组成，包含 20000 个种类的图像。

本书中，我们将使用一个名为 VGG19 的网络进行迁移学习。即让已经在 ImageNet 上训练过 VGG19 网络来学习识别新图像。VGG19 是一个卷积层神经网络，其网络结构如图 13.1 所示。

VGG 神经网络包含如下部分：首先是 Convolution 层，然后是 MaxPooling 层，接着又是几个 Convolution 层和 MaxPooling 层，最后是全连接层。当使用此网络迁移学习新图像时，我们将移除这一全连接层，并固定浅层的权重，仅在较深层进行学习训练。

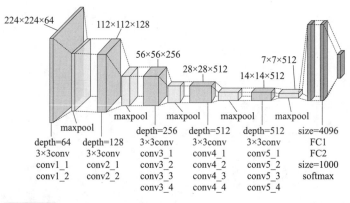

图 13.1 使用 VGG19 进行迁移学习

13.2 关于 NyanCheck

本节将介绍 NyanCheck。

什么是 NyanCheck

在这里，我们将介绍一个 Web 应用程序 NyanCheck，它可以识别上传图像中猫的种类。完整的网页页面如图 13.2 所示。上传猫的图片后，下面会显示猫的种类。我们要用深度学习的方法来实现它的功能。

我们将使用基于 Python 的 Web 应用程序框架 Flask[⊖]，来创建 Web 应用程序。Flask 是一个轻量小型 Web 框架，可以轻松创建 Web 应用程序。由于本书中重点介绍预训练模型的网络结构和迁移学习机制，因此我们省略了引入 Flask 的详细说明。

接下来将介绍完整的 NyanCheck 的配置以及代码的内容。然后通过运行 Python 程序来收集图像和创建深度学习模型，并利用这些图像和模型来启动 NyanCheck。

图 13.2 猫类辨别应用程序"NyanCheck"

⊖ http://flask.pocoo.org/

13.3 NyanCheck 应用程序的构成

本节将介绍完整的 NyanCheck 应用程序配置。

13.3.1 样本 NyanCheck 应用程序的构成

读者可以从本书提供的网址下载 NyanCheck 示例程序。

首先，在根目录中有一个名为"nyancheck"的文件夹（见图 13.3）。内部还有一个"nyancheck"文件夹，其中包含了应用程序的配置文件。在"controllers"文件夹中，有一个名为"templates"的文件夹，里面包含一个 HTML 模板，该模板构成了应用程序的 UI。

图 13.3 样本"NyanCheck"的文件夹构成

13.3.2 HTML 的模板

本小节将介绍 HTML 的模板。首先，让我们查看 layout.html 的内容（见清单 13.1）。layout.html 展示了此应用程序的 Web 框架构成。

清单 13.1　layout.html

```html
<!DOCTYPE html>
<html lang="ja">
<head>
    <meta charset="UTF-8">
    <link rel="stylesheet" href="https://cdn.jsdelivr.➡
net/npm/siimple@3.0.0/dist/siimple.min.css">
    <title>NyanCheck</title>
</head>
<body bgcolor="#202729" text="white">
  <h1>NyanCheck</h1>
  <div>
<p>NyanCheck 通过深度学习来辨别猫的种类 ➡
web 应用程序。</p>
<p> 可以识别阿比西尼亚猫、埃及猫、缅因猫、曼切堪猫、挪威森林猫、俄罗斯蓝猫、➡
苏格兰折耳猫、暹罗猫、美国短毛猫和日本猫。</p>
  </div>
  <div class="container">
    <div class="row">
        {% block content %}                                          ①
        {% endblock %}                                               ②
    </div>
  </div>
</body>
</html>
```

　　block content 的内容在 index.html 中声明设定。index.html（见清单 13.2）中，第一行代码 extends "layout.html" 包含 layout.html 的扩展（见清单 13.2 ①）。清单 13.1 ①的 block content 是按照清单 13.2 ②编写的。block content 与 endblock 之间嵌入的是 HTML 模板（layout.html）的内容。

　　在 block content 的顶部设置了 form 表单（见清单 13.2 ③）。通过 form 将图像文件发送到服务器。发送方式为：在 method 中指定 post，键入清单 13.2 ④的 API 地址。API 的安装详见清单 13.6，这里仅敲击地址 api/v1/send 输入即可。

　　form 表单中设置了两个按钮。单击第一个按钮（"选择文件"）可以选择图像文件（见清单 13.2 ⑤）。单击第二个按钮（"发送"）可以向服务器发送文件（见清单 13.2 ⑥）。form 表单的底部展示了发送给服务器的图像。当图像被发送到服务器后，图像文件的路径被发送到名为 img_url 的地方，并且在 if 语句中执行（见清单 13.2 ⑦）。if 语句仅显示路径为 img_url 中的文件。

图像被发送后，filename 被赋值为发送图像文件的名称（清单 13.2 ⑧）。然后，下一个 form 表单内容将出现在页面上（清单 13.2 ⑨）。这个 form 实际上是为了完成深度学习

清单 13.2 index.html

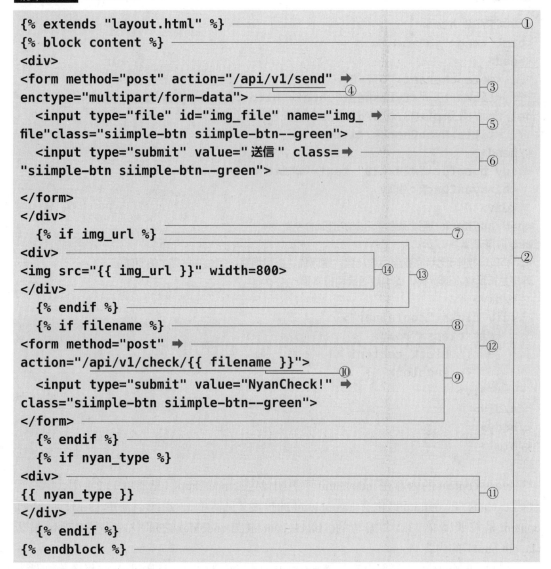

识别图像的任务，因此键入清单 13.2 ⑩中的 API。然后，清单 13.2 ⑧中返回的 filename 将会在清单 13.2 ⑩中 filename 被重新展开赋值。如果单击清单 13.2 ⑨中的 form 中的按钮（"NyanCheck！"按钮），则 nyan_type 会返回猫的种类。然后，在清单 13.2 ⑪ 的 div 标签中，nyan_type 展开内容以显示猫的种类。

13.3.3 脚本的应用

接下来我们来看看服务器端的 Python 程序。应用程序的主函数入口在文件 app.py 中（见图 13.4）。

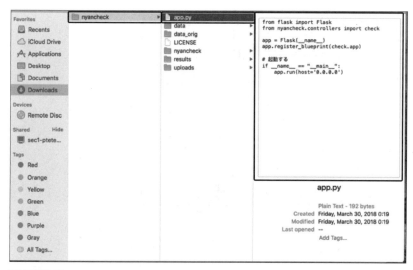

图 13.4 app.py

在 app.py（见清单 13.3）中导入 flask（见清单 13.3 ①），并从 controllers 导入 check（见清单 13.3 ②）。这将创建 flask 应用程序，登录 check 并运行该应用程序（见清单 13.3 ③）。应当执行指定 ip 为 0.0.0.0，以便主机可以被任意请求访问（见清单 13.3 ④）。

清单 13.3 app.py

```
from flask import Flask                               ①
from nyancheck.controllers import check               ②

app = Flask(__name__)                                 
app.register_blueprint(check.app)                     ③

# 启动
if __name__ == "__main__":                            
    app.run(host='0.0.0.0')                           ④
```

13.3.4 服务器端的处理

实际的服务器端处理在 check.py 中有相应的描述（见图 13.5）。

在 check.py（见清单 13.4）中，首先 import 应用程序所需的模块（见清单 13.4 ①）。这里我们使用 flask 的 Blueprint 来实现导入（见清单 13.4 ②）。另外，我们还导入了一个 predict 模块，该模块可以基于深度学习实现预测处理，如 13.3.5 小节所述（见清单 13.4 ③）。

首先配置 Blueprint 应用程序。使用 check 名字读入（见清单 13.4 ④）。

在 template_folder 中，将 HTML 模板的位置设置为 templates（见清单 13.4 ④）。

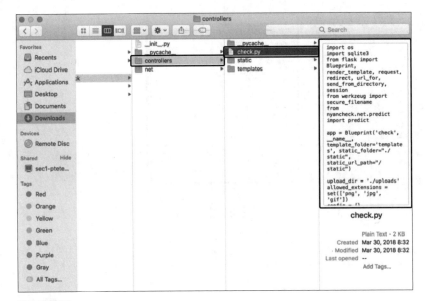

图 13.5 check.py

接下来将上传文件的目录设置为 ./uploads（见清单 13.4 ⑤）。上传的图像即放在 uploads 的目录中。然后设置可以上传的图像类型。这里指定了三个 png、jpg 和 gif（见清单 13.4 ⑥）。

然后配置应用程序（见清单 13.4 ⑦）。这里用字典来配置 config 文件。该应用程序仅有一个配置，但建议事先在字典中存储，以增加配置的便利性。在字典中还需存储上传目录，以便可以使用 upload_dir 查找。

然后，指定 allowed_file 函数（见清单 13.4 ⑧）来检查读取的文件是否符合指定的格式。如果文件名带有扩展名，并且该扩展名是清单 13.4 ⑥中指定的 png、jpg 和 gif 格式，则 allowed_file 函数返回 True。如果 allowed_file 返回 True，则记录在 check.py 代码的后半部分，以确保文件上传成功。

清单 13.4 check.py ①

```
import os
import sqlite3
from flask import Blueprint, render_template,
request, redirect, url_for, send_from_directory,
session
from werkzeug import secure_filename
from nyancheck.net.predict import predict

app = Blueprint('check', __name__,
template_folder='templates', static_folder=
"./static",static_url_path="/static")
```

```
upload_dir = './uploads'                                        ─⑤
allowed_extensions = set(['png', 'jpg', 'gif'])                 ─⑥
config = {}                                                     ┐
config['upload_dir'] = upload_dir                               ┘─⑦

def allowed_file(filename):                                     ┐
    return '.' in filename and \                                │
        filename.rsplit('.', 1)[1] in ➡                         │─⑧
allowed_extensions                                              ┘
```

清单 13.5 展示了基于 flask 的实际应用程序的 API。

首先，函数描述了访问应用程序根目录时的操作（见清单 13.5 ①）。代码 @app.route 记录了路由过程。因为这是根目录，所以只需将其写为 /（斜杠）。当访问根目录时，将执行 index()。render_template 的函数指定了清单 13.2 中 index.html 模板的呈现方式。render_template 可以将消息、字符串等传递到模板。

然后，我们用一个名为 static_file 的函数（见清单 13.5 ②）编写了一个过程，该过程在应用程序中输出动态不变的内容，即静态内容。由于应用程序中没有静态的、不变的内容，因此在此不做说明。

接下来，我们将查看当单击 index.html 顶部表单中的按钮（"文件选择"按钮）时发生的情况（见清单 13.5 ③）。顶部表单调用 /api/v1/send 的 API。API 由主机的路径表示。名称 api 表示它是路径 api。下面的 v1 表示版本号。这样写对以后版本更迭会很便利。api 的实际名称是 send。当 http GET 收到 POST 方式的请求时，执行下面的 send 函数。在 send 函数的开头，if 语句设置条件，分开处理 method 是 POST 和 GET 时的情形（见清单 13.5 ④）。POST 请求时执行 if 中的语句，而 GET 请求时执行 else 语句。在执行 else 时只是重新定向到应用程序的顶部。

进入 if 语句之前需先提取 POST 请求中的 img_file 名（见清单 13.5 ⑤）。通过单击第一个"文件选择"按钮提取文件的路径，返回至 img_file 中。

然后，检查提取到的 img_file 是否是清单 13.4 ⑥中指定的可上传文件的格式。

然后调用 img_file.save 方法，并将 img_file 保存在服务器的 upload_dir 文件夹中（见清单 13.5 ⑦）。

接下来在清单 13.5 ⑧中指定要发送到网页的图像的 URL。

最后，使用 render_template 函数重新呈现 index.html（见清单 13.5 ⑨）。此时将 img_url 作为图像文件的 URL 参数，并将 filename 作为图像文件的名称参数传递给函数。使用 render_template 函数重新呈现 index.html 将执行清单 13.2 ⑫中的代码部分。由于它在重新呈现时传递了 img_url（见清单 13.2 ⑦）和 filename（见清单 13.2 ⑧）参数，清单 13.2 ⑬中的 if 语句会被执行，以显示清单 13.2 ⑭中的 div 和清单 13.2 ⑨中的 form。综上所述，清单 13.2 ⑭代码部分输出图像，清单 13.2 ⑨设置用于识别图像的按钮（"NyanCheck！"按钮）。

我们回过头来介绍 check.py。

清单 13.5 check.py ②

```python
# 访问应用程序的顶部
@app.route("/")
def index():
    return render_template('index.html')

# 在应用程序中输出静态内容
@app.route('/<path:path>')
def static_file(path):
    return app.send_static_file(path)

# index.html 顶部的表单按钮（"文件选择"按钮）
@app.route('/api/v1/send', methods=['GET', 'POST'])
def send():
    if request.method == 'POST':
# GET 与 POST 请求的处理分支
        img_file = request.files['img_file']
        if img_file and allowed_file(➡
img_file.filename):
            filename = secure_filename(➡
img_file.filename)
            img_file.save(os.path.join(➡
config['upload_dir'], filename))
            img_url = '/uploads/' + filename
            return render_template(➡
'index.html',img_url=img_url, filename=filename)
        else:
            return ''' <p> 不可用的扩展名 </p> '''
    else:
        return redirect(url_for(''))
```

①②③④⑤⑥⑦⑧⑨

然后，当单击用于识别图像的表单按钮（"NyanCheck！"按钮）时，将启动清单 13.6 ①的 API。API 为 check 函数的参数，即指定的 filename。在用 < 和 >（尖括号）括起来的部分中，由表单按钮（"NyanCheck！"按钮）接收的 filename 变量给 filename 参数中。同样地，也作为 filename 参数传递给 check 函数（见清单 13.6 ②）。

在 check 函数中（见清单 13.6 ③），当接收到与清单 13.5 ④相同的 POST 请求时，执行 if 语句。首先，我们将 filename 参数恢复为图像 url 地址（见清单 13.6 ④）。接下来，调用 predict 函数，完成"通过深度学习识别这个文件"的处理（见清单 13.6 ⑤）。然后调用 render_template 以重新呈现 index.html（见清单 13.6 ⑥）。这时将输出图像的 URL，以及识别的猫的种类。

最后一个 API 是用于识别上传图像的 API（见清单 13.6 ⑦）。显示图像时，将 uploaded_file 提取的 filename 对应的图像通过 send_from_directory 发送识别（见清单 13.6 ⑧）。

清单 13.6 check.py ③

```python
# 单击"NyanCheck!"
@app.route('/api/v1/check/<filename>', methods=➡
['GET', 'POST'])                                    ①
def check(filename):                                 ②

    if request.method == 'POST':
    # 调用POST方法
        img_url = '/uploads/' + filename             ④
        nyan_type = predict(filename)                ⑤
        return render_template('index.html', ➡
img_url=img_url, nyan_type=nyan_type)                ⑥    ③
    else:
        return redirect(url_for(''))

# 确认上传的图像
@app.route('/uploads/<filename>')
def uploaded_file(filename):                         ⑦
    return send_from_directory(config ➡
['upload_dir'],filename)                             ⑧

if __name__ == '__main__':
    app.debug = True
    app.run()
```

13.3.5 猫种类识别的操作

接下来，将介绍 predict.py，它包含对识别猫的种类的实际处理代码（见图 13.6）。predict.py 位于 [nyancheck/nyancheck/net] 目录下。

下面介绍清单 13.7 中的 predict 函数。predict 函数的 target 参数接收目标上传文件的名称（见清单 13.7 ①）。classes 为一个列表，标注了可以识别的猫的种类。在这里，可以识别阿比西尼亚猫、埃及猫、缅因猫、曼切堪猫、挪威森林猫、俄罗斯蓝猫、苏格兰折耳猫、暹罗猫、美国短毛猫和日本猫。

应用程序的详细描述将在第 13.5.4 小节中的应用程序运行中进行说明，但本小节将大致描述它的工作原理。

首先，我们将把预训练神经网络文件指定为清单 13.7 ②中名为 nyancheck.h5 的文件。在清单 13.7 ③中读取该文件，并重新配置神经网络模型。

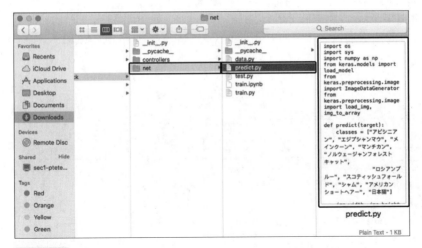

图13.6 predict.py

接下来，清单13.7④的部分功能是读取图像。Keras 的 load_image 函数（keras.preprocessing.image.load_image()）加载清单13.4⑤中介绍过的位于 ./uploads/ 目录下的图像（见清单13.7⑤）。之后，为了输入神经网络需要改变图像的形状。

接下来，使用 model.predict() 方法在神经网络中识别输入的图像（见清单13.7⑥）。

test_y 的输出一部分为1，另一部分为0（见清单13.7⑦）。使用 np.argmax 方法提取输出为1的位置，并返回值为1处的猫的种类。

清单13.7 predict.py

```
import os
import sys
import numpy as np
from keras.models import load_model
from keras.preprocessing.image import ImageDataGenerator
from keras.preprocessing.image import load_img, ➡
img_to_array

def predict(target):
    Classes = ["阿比西尼亚猫", "埃及猫", "缅因猫", ➡
"曼切堪猫", "挪威森林猫", "俄罗斯蓝猫", "苏格兰折耳猫", ➡
"暹罗猫", "美国短毛猫", "日本猫"]

    img_width, img_height = 200, 150
    result_dir = "results"
    uploads_dir = "./uploads/"
    model_name = "nyancheck.h5"

    test_datagen = ImageDataGenerator(rescale=1.0 / 255)
```

```
    model = load_model(os.path.join(result_dir, ➡
model_name))

    test_x = load_img(os.path.join(uploads_dir, ➡
target), target_size=(img_height, img_width))
    test_x = img_to_array(test_x)
    test_x = np.expand_dims(test_x, axis=0)
    test_x /= 255.
    test_y = model.predict(test_x, steps=1)
    return classes[np.argmax(test_y)]
```

13.4 数据的收集、整理和分类

上节已经讨论了应用程序的配置和处理。从本节开始，我们就来介绍一下深度学习方面的操作。本节将对猫的图像的收集、整理和分类进行说明。

13.4.1 猫种类的判别

为了识别猫的种类，首先需要收集各种种类猫的图像。为了收集猫的图像，请运行 data.py。data.py 位于 [nyancheck/nyancheck/net] 目录下（见图 13.7）。

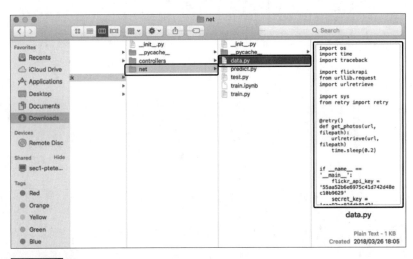

图 13.7 data.py

首先，我们讨论 data.py 中的 get_photos 函数（见清单 13.8 ①）。

get_photos 函数接收 url 和 filepath 参数（见清单 13.8 ①），实现检索 URL 并获取图像文件的功能（见清单 13.8 ②）。获取图像后休眠 0.2s，以减轻服务器的负载压力（见清单 13.8 ③）。利用 Flickr API 可以收集猫的图像。对接 Flickr API 需要 flickr 的 api_key 和 secret_key（见清单 13.8 ④）。Flickr 的 api_key 和 secret_key 获得方式请参考本章的备忘 1。

然后将 Flickr 的 api_key 和 secret_key 传给 Flickr API 以初始化（见清单 13.8 ⑤）。在 keywords 的列表中指定了要搜索的关键字（见清单 13.8 ⑥）。清单 13.7 ①存储了 10 种猫的英文标记。

然后在 for 语句中，取出一个 keyword 并在 Flickr API 中检索（见清单 13.8 ⑦）。在 text 中指定关键字，并在 per_page 中设置要检索的图像的数量。本例指定检索上限为 1000 张。在 extras 中可以指定要检索的图像的大小。本例指定 url_c 表示为 800×400。

清单 13.8　data.py

```python
import os
import time
import traceback

import flickrapi
from urllib.request import urlretrieve

import sys
from retry import retry


@retry()
# 检索 URL 并获取图像文件
def get_photos(url, filepath):                              ─①
    urlretrieve(url, filepath)                              ─②
    time.sleep(0.2)                                         ─③

# 对接 Flickr 并获取图像文件
if __name__ == '__main__':
    flickr_api_key = ➡
'xxxxxxxxxxxxxxxxxxxxxxxxxxxxxxxx (固有的 api_key) '
    secret_key = 'xxxxxxxxxxxxxxxx (固有的 secret_key) '     ─④

    flicker = flickrapi.FlickrAPI(flickr_api_key, ➡
secret_key, format='parsed-json')                           ─⑤
    keywords = ["japanese cat", "american ➡
shorthair", "Munchkin", "Siamese", "Scottish Fold", ➡
"Norwegian Forest Cat", "Russian Blue", "Egyptian ➡       ─⑥
Mau", "Abyssinian", "Maine Coon"]
    # 检索关键字获取图像文件
    for keyword in keywords:
        response = flicker.photos.search(
            text=keyword,
            per_page=1000,
            media='photos',
            sort='relevance',
            safe_search=1,
            extras='url_c,license'
        )                                                   ─⑦
        photos = response['photos']
        if not os.path.exists('data/' + keyword):
            os.makedirs('data/' + keyword)
```

```
        for photo in photos['photo']:
            try:
                url = photo['url_c']
                filepath = 'data/' + keyword + '/' + ➡
 photo['id'] + '.jpg'
                get_photos(url, filepath)
            except Exception as e:
                traceback.print_exc()
```

13.4.2 图像获取的操作

使用 Python 运行 data.py。

在 macOS 终端（不是从 Anaconda Navigater 启动的终端）上，使用 cd 命令切换到 data.py 所在的目录（/nyancheck/nyancheck/net）。

[终端]

```
(Aidemy) $ cd nyancheck/nyancheck/net
```

运行 data.py 之前，请使用 pip 命令安装必要的库（请先安装第 0.3 节中列出的 flickrapi 和 retry 库）。

[终端]

```
(Aidemy) $ python data.py
```

在运行 data.py 时，图像将被下载（参见本章中的备忘 2）。在文件管理器中打开 nyancheck 目录。在"nyancheck/nyancheck/net/data"目录下创建一个新文件夹（本书中是"japanese cat"文件夹）（见图 13.8），然后将图像下载到其中。

打开"japanese cat"文件夹，可以看到一个接一个的猫图像正在下载进来，如图 13.9 所示。下载可能需要 1～2h，请等待程序执行完毕。

如图 13.10 所示，在"data"文件夹下创建具有指定关键字的文件夹。

⊖ 如果出现以下错误，仍可以继续进行下去。

```
Traceback (most recent call last):
  File "data.py", line 38, in <module>
    url = photo['url_c']
KeyError: 'url_c'
(…略…)
```

图 13.8 下载图像

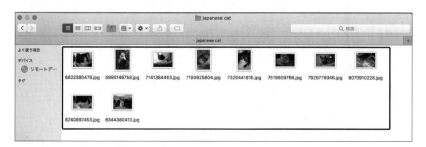

图 13.9 "japanese cat" 文件夹内的图像

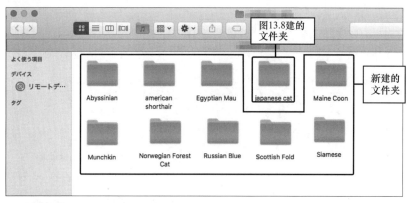

图 13.10 新建文件夹（包含图像文件）

在文件夹下删除明显不是猫的图像数据，然后将数据分成 "train_data" "validation_data" 和 "test_data" 三部分，并将剩余图像移动到同名文件夹（见图 13.11 ①②③）。

从每种猫中随机取出 10 张图像，分别分配到 "validation_data" 和 "test_data" 文件夹中。

现在介绍一下各组数据的作用。

train_data 是用来训练神经网络的数据。

validation_data 是用于验证神经网络的学习是否成功的数据，为了提高神经网络的正确率而设置的数据集。

test_data 数据完全不用于训练，而用于评估网络对预测数据的效果。

如图 13.11 所示，validation_data 和 test_data 从未参与学习训练的数据中随机提取 10 个种类的猫。每个种类的猫提取 10 张图像。

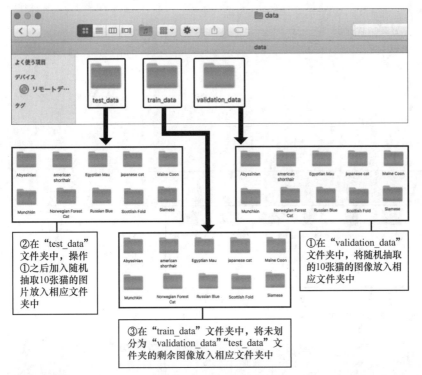

图 13.11 将数据分为"train_data""validation_data""test_data"三部分

> 📝 **备忘 1**
>
> ### 获取 Flickr 的 api_key 和 secret_key
>
> 　　要获取 Flickr 的 api_key 和 secret_key，请访问 URL：https://www.flickr.com/，然后访问美国雅虎网站注册并登录您的账户（我们省略了关于 Yahoo! 账户的步骤）。访问开发人员网站的 Flickr API（URL https://www.flickr.com/services/api/）(见图 13.12）。
>
>
>
> **图 13.12** Flickr API

单击"Create an App"（见图 13.13）。

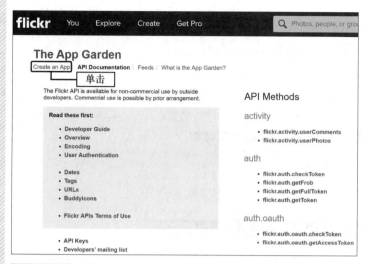

图 13.13 单击"Create an App"

单击"Request an API Key"（见图 13.14）。

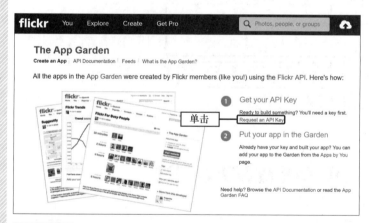

图 13.14 单击"Request an API Key"

单击"APPLY FOR A NON-COMMERCIAL KEY"（见图 13.15）。

在"Tell us about your app："中的"What's the name of your app？"输入应用程序名称（见图 13.16 ①），"What are you building？"输入应用程序的信息（见图 13.16 ②），选中"I acknowledge that Flickr..."和"I agree to comply with the Flickr API Terms of Use."（见图 13.16 ③），然后单击"SUBMIT"（见图 13.16 ④）。

获得 API key 和 secret（见图 13.17）。

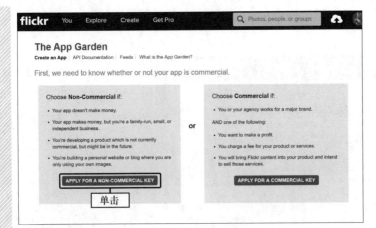

图 13.15 单击"APPLY FOR A NON-COMMERCIAL KEY"

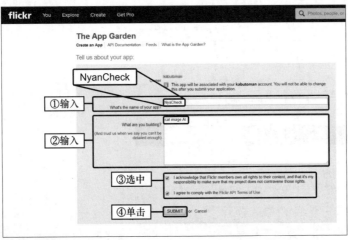

图 13.16 登录 APP

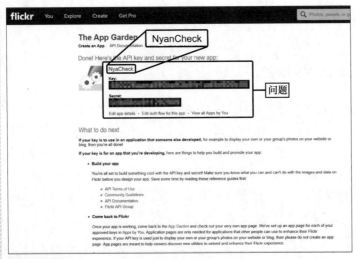

图 13.17 API key 和 secret

备忘 2

运行 data.py 也无法下载图像的情形

根据计算机性能差异,我们可能无法开始下载图像。在这种情况下,使用 Google Colaboratory 可以更快地采集图像。

设置运行环境

访问 Google Colaboratory(URL https://colab.research.google.com/notebooks/welcome.ipynb?hl=ja),然后从菜单中选择"文件"(见图 13.18 ①)→"Python 3 的新笔记本"(见图 13.18 ②)。选择"运行"(见图 13.18 ③)→"更改运行环境"(见图 13.18 ④)。在"笔记本配置"(见图 13.18 ⑤)下,确保在运行时类型中选择了 Python 3,然后在"硬件加速"下选择 GPU(见图 13.18 ⑥)。单击"保存"(见图 13.18 ⑦)。

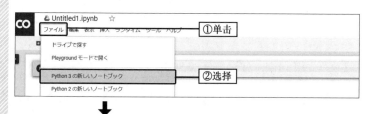

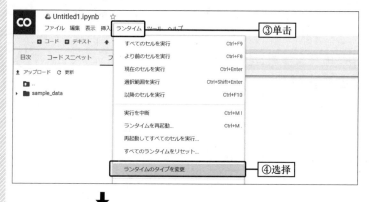

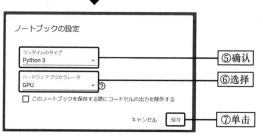

图 13.18 设置运行环境

上传和解压示例文件

单击">"(见图 13.19 ①),单击"文件"选项卡(见图 13.19 ②),单击"上传"(见图 13.19 ③),选择从翔泳社网站下载的 nyancheck.zip(画面省略)上传。

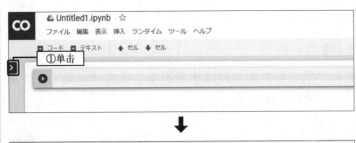

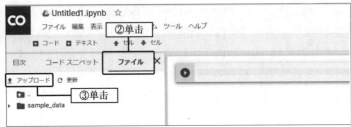

图 13.19 上传样本文件

上传之后,使用带感叹号的！unzip 命令解压文件夹。

[In]
```
!unzip nyancheck.zip
```

库的安装
使用带感叹号的！pip 命令安装第 0.3 节中所述的库。

切换到 data.py 所在的目录
使用 cd 命令切换到 data.py 所在的目录。

[In]
```
cd /content/nyancheck/nyancheck/net
```

运行 data.py
使用！python 命令运行 data.py。可能会遇到诸如 Out 之类的错误,但请继续运行。

将猫的图像文件下载到创建的每个种类文件夹中(见图 13.20)。

[In]
```
!python data.py
```

[Out]
```
Traceback (most recent call last):
  File "data.py", line 38, in <module>
    url = photo['url_c']
KeyError: 'url_c'
(…略…)
```

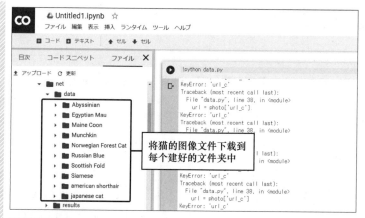

图 13.20 下载猫的图像文件

下载收集的数据

用 cd 命令切换到每种猫的类别文件夹。如可以在下面访问"Abyssinian"文件夹。

[In]

```
cd /content/nyancheck/nyancheck/net/data/Abyssinian
```

使用以下代码把文件下载到计算机上。图像依次按种类下载，下载完一种类型的猫图像后，手动创建一个相应猫类名称的文件夹，并将图像文件汇总且放入文件夹。完成后重复下一个种类猫的下载任务，就可以对齐所需的图片了。

[In]

```
from google.colab import files
import os

file_list = os.listdir(".")

for file in file_list:
    files.download(file)
```

13.5 数据的扩充及学习

从本节开始,我们将介绍如何实际使用深度学习,通过迁移学习方法来搭建模型。

13.5.1 模块的 import

让我们先从 train.py(见清单 13.9)开始。清单 13.9 ①展示了需要导入的模块。接下来导入所需的 VGG19(见清单 13.9 ②)。还导入了其他必要的模块(见清单 13.9 ③)。运行清单 13.9 中的代码,消息栏将显示 Using TensorFlow backend。

清单 13.9 import 模块 (train.py ①)

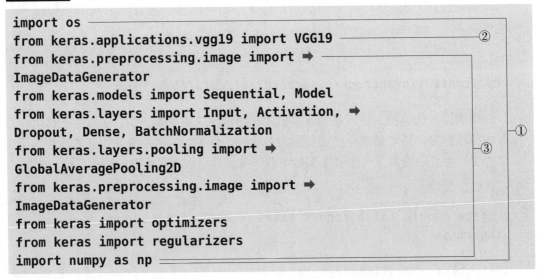

Out

```
Using TensorFlow backend.
```

13.5.2 数据的学习

我们将介绍数据训练的实际操作(见清单 13.10)。让我们详细了解一下每个项目。

(1)图像训练设置

清单 13.10 ①的第一行指定要调整图像大小,改变为 200×150。

接下来将 train_data_dir 和 validation_data_dir 目录地址指定赋予 13.4.2 小节中讲述的 train_data 和 validation_data。

nb_train_steps 参数设定了训练集 1epoch 要训练多少张图像。

nb_validation_samples 参数设定了验证集 1epoch 要验证多少张图像。

nb_epoch 参数设定了训练周期，本例设置为 10epochs。

result_dir 指定了模型训练结果保存目录。results 指训练结果。

（2）数据扩充

清单 13.10 ②介绍了关于数据扩充的处理。数据扩充是一种虚拟地增加要训练样本图像数据的方法。使用 ImageDataGenerator 函数可以实现图像扩充。让我们来看看每个参数的描述。

首先，对于单个像素的灰度值 0～255，用 rescale 将其缩至 0～1。

rotation_range 参数设定了图像随机旋转的角度，本例指定在 45°范围内随机旋转图像。

width_shift_range 和 height_shift_range 参数指定了图像的横向和纵向平移处理。本例将图像随机平移 20%。

shear_range 参数指定了图像的错切。

zoom_range 参数指定了图像的缩放。

fill_mode 参数指定了空白图像位置的像素填充方式。本例设置为 nearest 模式。

horizontal_flip 参数指定是否水平翻转图像。

test_datagen 参数指定是否生成 validation_data。

train_datagen 参数指定了对训练集图像 rescale 至 0～1，同时对 validation_data 做同样的变换至 0～1。但 validation_data 无需做数据扩充处理。

（3）导入预训练模型

清单 13.10 ③中导入了预训练模型。首先，input_tensor 参数指定了网络的输入图像大小。然后将在 imagenet 中预训练的 VGG19 加载为 base_model。通过将 include_top 设置为 False，将 imagenet 中的预训练模型权重 weights 冻结最深层，即 softmax 前的全连接层。

（4）在浅层添加新层

在清单 13.10 ④中，把要添加的 model 作为 top_model 添加到 base_model 上方。top_model 添加 GlobalAveragePooling2D 层，将 base_model 的输出展平为一维。紧接着添加新的全连接层。

设置全连接层为 1024 个神经元，使用 ReLU 激活函数，设置 kernel_regularizer 参数指定正则化。并添加 BatchNormalization 层，设置参数 Dropout(0.5) 实现神经元随机失活。然后继续添加 Dense、BatchNormalization 和 Dropout 层。

最后由于猫的种类有 10 种，因此添加 10 个神经元的 softmax 全连接层。

（5）在深层添加新层

在清单 13.10 ⑤中，将 top_model 和 base_model 合并为一个 model。

base_model 作为输入，top_model 作为输出。

为了不破坏 ImageNet 的预训练权重，我们将网络初始 15 层设置为 layer.trainable=False，使权重保持不变。

最后，使用 model.summary() 代码输出 model 的网络结构。

清单 13.10 train.py ②

```
# *调整训练图像设置
img_width, img_height = 200, 150
train_data_dir = 'data/train_data'
validation_data_dir = 'data/validation_data'
nb_train_steps = 1000
nb_validation_samples = 500
nb_epoch = 10
result_dir = 'results'

# 数据扩充
train_datagen = ImageDataGenerator(
        rescale=1.0 / 255,
        rotation_range=45,
        width_shift_range=0.2,
        height_shift_range=0.2,
        shear_range=0.2,
        zoom_range=0.2,
        fill_mode='nearest',
        horizontal_flip=True)

test_datagen = ImageDataGenerator(rescale=1.0 / 255)

# 训练完成数据的读入
input_tensor = Input(shape=(img_height, img_width, 3))
base_model = VGG19(include_top=False, weights=➡
'imagenet', input_tensor=input_tensor)

# 在浅层添加新层
top_model = Sequential()
top_model.add(GlobalAveragePooling2D(input_shape=➡
base_model.output_shape[1:]))
```

```
top_model.add(Dense(1024, activation='relu', ➡
kernel_regularizer=regularizers.l2(0.01)))
top_model.add(BatchNormalization())
top_model.add(Dropout(0.5))
top_model.add(Dense(1024, activation='relu', ➡
kernel_regularizer=regularizers.l2(0.01)))
top_model.add(BatchNormalization())
top_model.add(Dropout(0.5))
top_model.add(Dense(10, activation='softmax'))

# 在深层添加新层
model = Model(input=base_model.input, ➡
output=top_model(base_model.output))
for layer in model.layers[:15]:
    layer.trainable = False
model.summary()
```

先后运行清单 13.9 和清单 13.10 中的代码，将首先下载预训练模型。待下载完成后，语句 model.summary 将打印 layer 结构。

具体运行结果中，将输出 VGG19 的浅层网络、二维卷积层（Conv2D）、MaxPooling2D，以及多个二维卷积层（Conv2D）和 MaxPooling2D 的结构。

最后，代码 sequential_1(Sequential) 将添加 top_layer 层。并输出模型的总参数量，可训练参数量以及固定参数量。

13.5.3 模型的编译

介绍过清单 13.9 和清单 13.10 后，本节将介绍清单 13.11 中的代码。

在清单 13.11 ①中，model.compile 代码将 train.py 中创建的模型进行编译。

设置 loss 为 categorical_crossentropy，设置 optimizer 为 SGD，设置 metrics 为 accuracy。

如清单 13.11 ②所示，这里运行清单 13.10 ②的数据扩充函数。更具体地，设置 flow_from_directory 参数对 train_data_dir 目录下的图像执行数据扩充。设置 batch_size 为 32，即一个 batch 将训练 32 张图像。设置 categorical 为 class_mode。

在清单 13.11 ③中，设置 validation_generator 为 flow_from_directory。

在清单 13.11 ④中，对 model.fit_generator 函数，指定如清单 13.11 ②的 train_generator 和清单 13.11 ③的 validation_generator 函数同样的设置，开始训练。

在清单 13.11 ⑤中，训练模型以 nyancheck.h5 的格式保存到 model.save 中指定的目录 result_dir（"results"文件夹）。

训练过程的日志也保存在 result_dir 文件夹下（见清单 13.11 ⑥）。train_data 的 loss、train_data 的正确率、validation_data 的 loss、validation_data 的正确率随着训练过程进行，将保存至 result_dir 文件夹中的 history.tsv 里。

清单 13.11 train.py ③

```python
# 编译模型
model.compile(loss='categorical_crossentropy',              ─┐
              optimizer=optimizers.SGD(lr=1e-4, ➡            │ ①
momentum=0.9),                                               │
              metrics=['accuracy'])                         ─┘

# 数据扩充的处理（train_data）
train_generator = train_datagen.flow_from_directory(        ─┐
    train_data_dir,                                          │
    target_size=(img_height, img_width),                     │ ②
    batch_size=32,                                           │
    class_mode='categorical')                               ─┘

# 数据扩充的处理（validation_data）
validation_generator = ➡                                    ─┐
test_datagen.flow_from_directory(                            │
    validation_data_dir,                                     │
    target_size=(img_height, img_width),                     │ ③
    batch_size=32,                                           │
    class_mode='categorical')                               ─┘

# 微调
history = model.fit_generator(                              ─┐
    train_generator,                                         │
    steps_per_epoch=nb_train_steps,                          │
    epochs=nb_epoch,                                         │ ④
    validation_data=validation_generator,                    │
    validation_steps=nb_validation_samples)                 ─┘

# 保存训练模型
model.save(os.path.join(result_dir, 'nyancheck.h5'))        ─┐
loss = history.history['loss']                               │
acc = history.history['acc']                                 │ ⑤
val_loss = history.history['val_loss']                       │
val_acc = history.history['val_acc']                         │
nb_epoch = len(acc)                                         ─┘

# 保存训练过程
with open(os.path.join(result_dir, 'history.tsv'), ➡        ─┐
"w") as f:                                                   │ ⑥
    f.write("epoch\tloss\tacc\tval_loss\tval_acc\n")        ─┘
```

```
    for i in range(nb_epoch):
        f.write("%d\t%f\t%f\t%f\t%f\n" % (i,
loss[i], acc[i], val_loss[i], val_acc[i]))
```
⑥

运行 train.py 文件。

打开 macOS 终端，使用 cd 命令切换到包含 train.py 的目录（/nyancheck/nyan check/net），然后使用 python 命令运行 train.py。

[终端]

```
(Aidemy) $ cd nyancheck/nyancheck/net
(Aidemy) $ python train.py
```

运行 train.py 开始搭建并训练模型。

[终端]

```
Using TensorFlow backend.
2019-05-21 12:06:31.633530: I tensorflow/core/platform/
cpu_feature_guard.cc:137] Your CPU supports
instructions that this TensorFlow binary was not
compiled to use: SSE4.1 SSE4.2 AVX AVX2 FMA
train.py:33: UserWarning: Update your `Model` call to
the Keras 2 API: `Model(inputs=Tensor("in..., outputs=
Tensor("se...)`
  model = Model(input=base_model.input,
output=top_model(base_model.output))
```

Layer (type)	Output Shape	Param #
input_1 (InputLayer)	(None, 150, 200, 3)	0
block1_conv1 (Conv2D)	(None, 150, 200, 64)	1792
block1_conv2 (Conv2D)	(None, 150, 200, 64)	36928
block1_pool (MaxPooling2D)	(None, 75, 100, 64)	0
block2_conv1 (Conv2D)	(None, 75, 100, 128)	73856

Layer	Output Shape	
block2_conv2 (Conv2D) 147584	(None, 75, 100, 128)	➡
block2_pool (MaxPooling2D)	(None, 37, 50, 128)	0
block3_conv1 (Conv2D) 295168	(None, 37, 50, 256)	➡
block3_conv2 (Conv2D) 590080	(None, 37, 50, 256)	➡
block3_conv3 (Conv2D) 590080	(None, 37, 50, 256)	➡
block3_conv4 (Conv2D) 590080	(None, 37, 50, 256)	➡
block3_pool (MaxPooling2D)	(None, 18, 25, 256)	0
block4_conv1 (Conv2D) 1180160	(None, 18, 25, 512)	➡
block4_conv2 (Conv2D) 2359808	(None, 18, 25, 512)	➡
block4_conv3 (Conv2D) 2359808	(None, 18, 25, 512)	➡
block4_conv4 (Conv2D) 2359808	(None, 18, 25, 512)	➡
block4_pool (MaxPooling2D)	(None, 9, 12, 512)	0
block5_conv1 (Conv2D) 2359808	(None, 9, 12, 512)	➡
block5_conv2 (Conv2D) 2359808	(None, 9, 12, 512)	➡
block5_conv3 (Conv2D) 2359808	(None, 9, 12, 512)	➡

```
block5_conv4 (Conv2D)          (None, 9, 12, 512)         2359808

block5_pool (MaxPooling2D)     (None, 4, 6, 512)          0

sequential_1 (Sequential)      (None, 10)                 1593354
=================================================================
Total params: 21,617,738
Trainable params: 13,388,298
Non-trainable params: 8,229,440
_____

Found 1389 images belonging to 10 classes.
Found 100 images belonging to 10 classes.
Epoch 1/10
…(略)…
```

在 GPU 运行环境下，需要训练十几个小时。创建模型后，会将 history.tsv 和 nyancheck.h5 保存到 nyancheck/nyancheck/net/results 目录下。至此模型创建完毕（请参阅备忘 3）。创建完成后，将 "result" 文件夹从 "nyancheck/nyancheck/net" 目录移动到 "nyancheck" 目录下。

备忘 3

运行 train.py
花费较长的时间来创建模型的情形

根据计算机的性能，创建模型可能需要相当长的时间。在这种情况下，我们可以使用 Google Colaboratory 创建模型。利用 Google Colaboratory 环境，将在计算机上用于识别分类的 "data" 文件夹压缩为 data.zip，然后上传到 Google Colaboratory。有关在 Google Colaboratory 中配置 NyanCheck 应用程序的信息，请参阅本章中的备忘 2。

使用 cd 命令切换目录。

[In]
```
cd /content/nyancheck/nyancheck/net
```

单击 ">"，然后单击 "文件" 选项卡，再单击 "上传"，最后从计算机中选择 data.zip 并上传（页面已省略）。使用 unzip 命令解压缩上传的 data.zip（见 "注意"）。

[In]
```
!unzip data.zip
```

> **!注意**
>
> **按照本章备忘 2 中的步骤在 Google Colaboratory 上运行时**
>
> 　　如果按照本章备忘 2 中的步骤进行操作，出现 " data " 文件夹已存在的错误，请使用 rm 命令删除同名的目录。
>
> [In]
> ```
> rm -r data
> ```

另外 !python 命令后跟 data.py 将开始运行脚本并创建模型。模型创建完成后，history.tsv 和 nyancheck.h5 将保存在 nyancheck/nyancheck/net/results 目录中（见图 13.21）。将创建的模型下载到计算机上，并将其放入 " result " 文件夹中，模型创建工作就完成了。

[In]
```
!python train.py
```

图 13.21 创建模型

◉ 13.5.4　运行应用程序

使用 cd 命令切换到 NyanCheck 的根目录，然后使用 python 命令运行 app.py。

[终端]
```
(Aidemy) $ cd /users/<计算机名称> / <工作文件夹>
(Aidemy) $ python app.py
```

等待执行

[终端]

```
* Running on http://0.0.0.0:5000/ (Press CTRL+C to quit)
```

终端输出信息后，在浏览器中打开URL http://0.0.0.0:5000。
然后会看到如图13.22所示的NyanCheck页面。

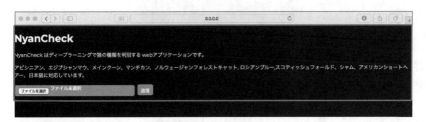

图13.22 NyanCheck页面

接下来运行NyanCheck来识别猫的种类。单击"选择文件"按钮（见图13.23①），然后从"nyancheck/nyancheck/data/test_data"文件夹中选择任意一张猫的图像（见图13.23②和③）。

图13.23 选择任意种类的猫并单击"选择"按钮

单击"Submit（提交）"按钮将图像上传到"uploads"文件夹（见图13.24）。

图13.24 单击"Submit（提交）"按钮

单击左下角的"NyanCheck!"按钮,通过深度学习模型来识别猫的种类(见图 13.25)。

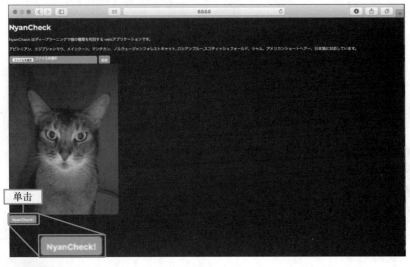

图 13.25 单击"NyanCheck!"按钮

单击即可完成识别并正确识别为阿比西尼亚猫(见图 13.26)。

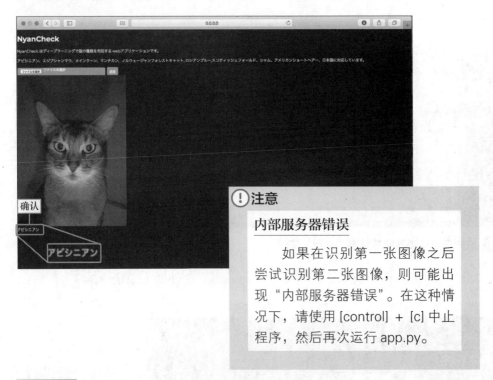

> **! 注意**
>
> **内部服务器错误**
>
> 　　如果在识别第一张图像之后尝试识别第二张图像,则可能出现"内部服务器错误"。在这种情况下,请使用 [control] + [c] 中止程序,然后再次运行 app.py。

图 13.26 识别结果

13.6 关于 Google Cloud Platform

接下来，我们将在 Google Cloud Platform（谷歌公司的云平台）上部署 NyanCheck。所以我们先来简单了解一下 Google Cloud Platform。

什么是 Google Cloud Platform

Google Cloud Platform 是 Google 公司提供的云服务平台（见图 13.27）。与 Google 公司内部使用相同的技术和基础设施，将基础设施环境云平台化。这些基本组件从一开始就作为服务提供，可用于快速开发。

图 13.27 Google Cloud Platform 页面
URL https://cloud.google.com/

在本书中，我们使用 Google Cloud Platform 中的 Compute Engine 发布了 NyanCheck（见图 13.28）。

图 13.28 页面 Compute Engine

13.7 Google Cloud Platform 的设置

本节将介绍 Google Cloud Platform 的设置方法。

Google Cloud Platform 的设置方法

单击"GCP 免费试用"按钮,开始免费试用(见图 13.29)。

图 13.29　页面 Google Cloud Platform

单击"GCP 免费试用"之后,可以看到图 13.30 所示的页面。

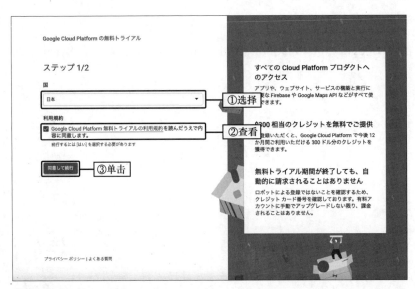

图 13.30　页面"步骤 1/2"

在国家（地区）下，选择"日本"（见图 13.30 ①）。

接下来，阅读使用基本条款（见图 13.30 ②），单击"同意并继续"（见图 13.30 ③）。

单击"同意并继续"之后，进入付款配置页面输入（见图 13.31）。请输入个人信息（见图 13.31 ①和②）。此处必须输入信用卡以确认身份。输入后单击"开始免费试用"（见图 13.31 ③）。

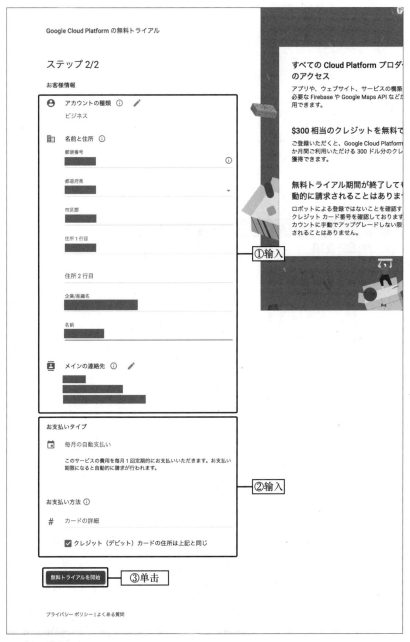

图 13.31　页面"步骤 2/2"

如果读者注册了 Google Cloud Platform，将会看到一个页面，然后单击"确定"继续（页面已省去）。此时将出现控制板（见图 13.32）。

图 13.32 显示控制板

选择 Compute Engine → VM 虚拟机实例（见图 13.33）。

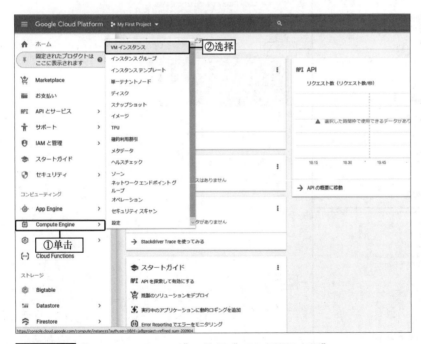

图 13.33 "Compute Engine"→选择"VM 虚拟机实例"

出现"启用计费后，就可以使用计算机引擎了"页面后，单击"启用计费"（见图 13.34）。

输入名称（见图 13.35 ①），然后选择国家和地区（见图 13.35 ②，本文选择"asia-northeast1（东京）"和"asia-northeast1-b"）。然后在"机器类型"中选择"Small"，（见图 13.35 ③，NyanCheck 不在微实例上运行）。检查引导磁盘（见图 13.35 ④），确认选择了 ID 和 API 访问。

图 13.34 单击"创建"

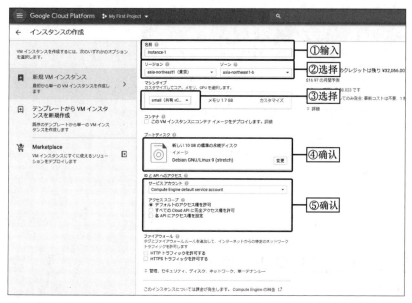

图 13.35 设置实例

设置完成后，单击"创建"（见图 13.36）。

这将启动一个新实例。实例在创建时已启动（见图 13.37 ①）。单击下拉栏（见图 13.37 ②），选择"查看网络详细信息"。

然后配置网络规则。单击"防火墙规则"（见图 13.38 ①），然后单击"创建防火墙规则"（见图 13.38 ②）。

图 13.36 单击"创建"

图 13.37 确认新的实例

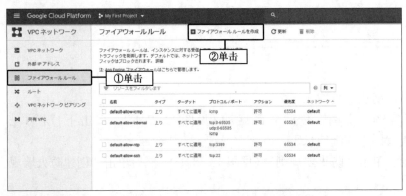

图 13.38 单击"防火墙规则"、单击"创建防火墙规则"

将防火墙规则设置为"flask",将目标设置为"网络上的所有实例",并将源 IP 设置为"0.0.0.0/0"。此外,单击 tcp 的表单部分并键入 5000(自动检查)。单击"创建"(见图 13.39 ①和②)。

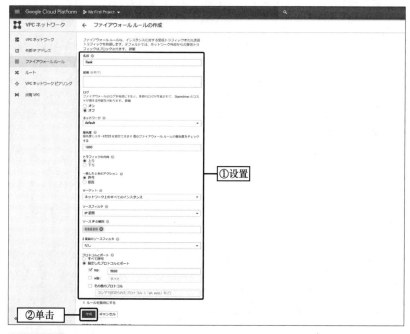

图 13.39 创建防火墙规则

创建防火墙规则后(见图 13.40 ①),单击左上角的导航菜单,然后选择"主页"(见图 13.40 ②)。

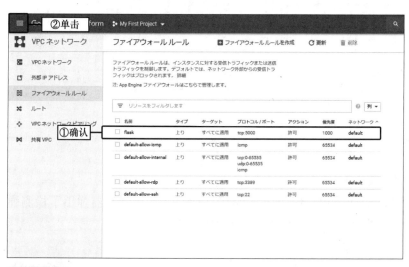

图 13.40 返回 home 页面

选择 Compute Engine → VM 虚拟机实例（见图 13.41 ①和②）。

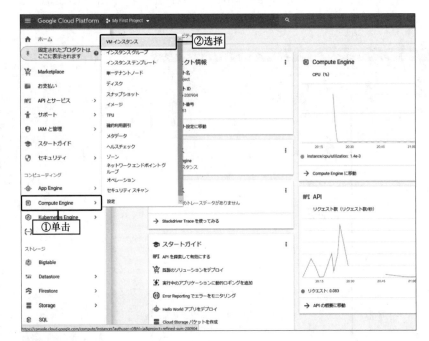

图 13.41 "Compute Engine"→选择"VM 虚拟机实例"

然后选择连接栏的 SSH（见图 13.42）。

图 13.42 单击"SSH"

出现跳窗页面（见图 13.43）。

读者将看到连接到服务器的控制台（见图 13.44）。此时，如果浏览器弹出了检测弹出窗口的提示，请选择允许从 Google Cloud Platform 弹出窗口。

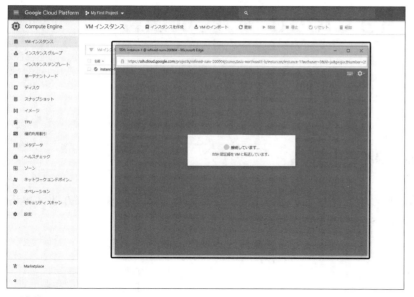

图 13.43 "加载中"页面

图 13.44 控制台（下文记作"GCP"终端）

13.8 Google Cloud SDK 的设置

本节将介绍 Google Cloud SDK 的设置。

Google Cloud SDK 的安装

在 Compute Engine 配置中，使用 Google Cloud SDK 部署 NyanCheck 非常方便。单击"安装 (MACOS)"转到 Google Cloud SDK 下载页面（见图 13.45）。

图 13.45 Google Cloud SDK

在本例中，我们将下载 64 位版本的 Mac OS X（x86_64）软件包（见图 13.46）。

将下载的文件解压到任意目录，会自动创建一个文件夹，其配置如图 13.47 所示。

打开 macOS 终端，然后使用 cd 命令切换到 google-cloud-sdk 目录。切换到 Google Cloud SDK 的目录后，使用 ls 命令检查内容（见图 13.48）。

[终端]

```
$ cd google-cloud-sdk
$ ls
```

如果检查到存在一个名为 install.sh 的文件，使用命令 ./install.sh 运行该文件。如果收到提示是否要改进 Google 的服务，请回答 yes/no（见图 13.49）。至此 SDK 安装结束。

图 13.46 下载 64 位的安装包

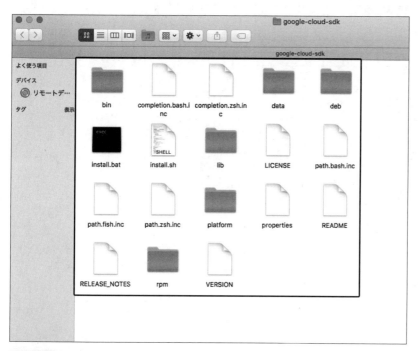

图 13.47 解压文件夹

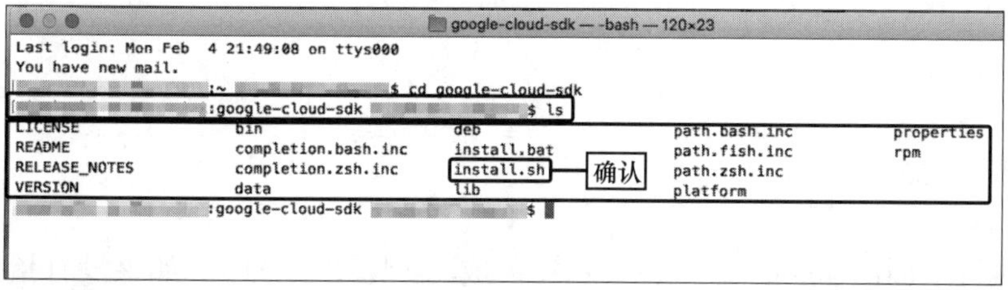

图 13.48 切换到 google-cloud-sdk 目录

[终端]

```
$ ./install .sh
```

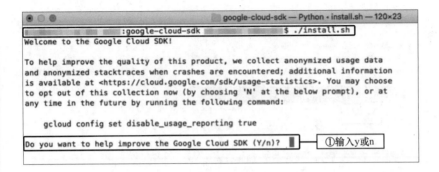

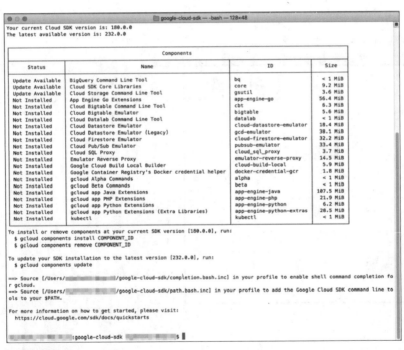

图 13.49 运行 install.sh

安装 Google Cloud SDK 后，将安装目录中的 bin 添加至 PATH 中（见图 13.50）。

[终端]

```
$ export PATH=./bin:$PATH
```

最后，如果能够执行下面的 gcloud 命令，表示安装成功（见图 13.51）。如果没有指定自变量 argument 可能会出现 ERROR。

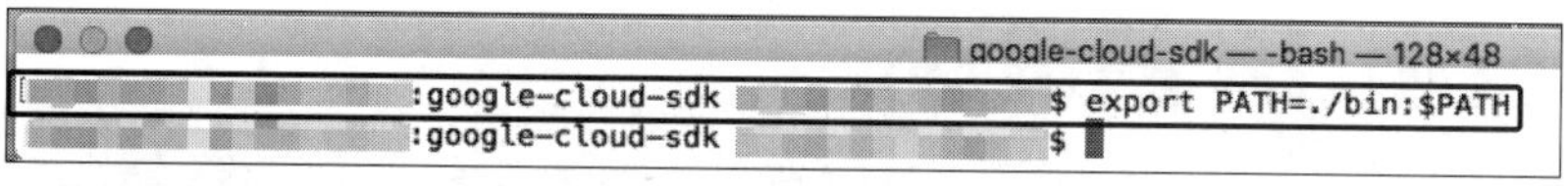

图 13.50 将 bin 添加至 PATH 中

[终端]

```
$ gcloud
```

图 13.51 执行 gcloud 命令

13.9 Anaconda 的设置

本节将介绍如何在 Google Cloud Platform 上配置 Anaconda。

下载 Anaconda

访问 Anaconda installer archive（URL https://repo.continuum.io/archive/）（见图 13.52）。

图 13.52 Anaconda installer archive

右键单击 "Anaconda3-5.1.0-Linux-x86_64.sh"（或按住 "control" 键单击），然后选择 "复制链接"（见图 13.53 ①和②）。

复制链接地址后，要将 Anaconda 下载到 Google Cloud Platform 上。在 GCP 终端上，输入 wget 命令，粘贴先前赋值的链接地址并执行（见图 13.54）。

[GCP 终端]

```
$ wget https://repo.anaconda.com/archive/ ⤵
Anaconda3-5.1.0-Linux-x86_64.sh
```

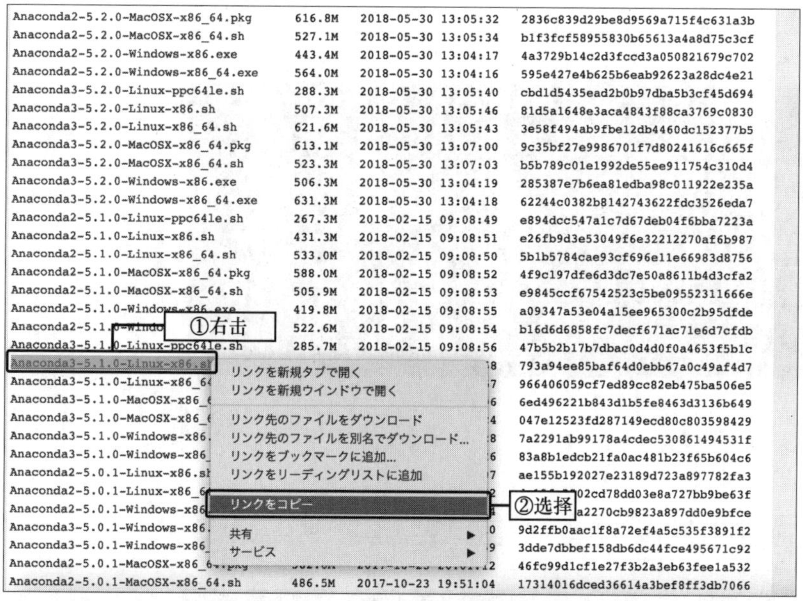

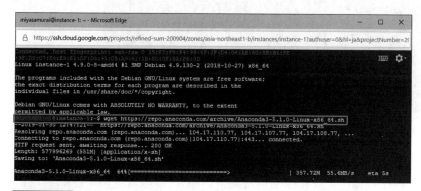

图 13.53 复制链接

图 13.54 下载 Anaconda

下载完成后，使用 ls 命令检查文件（见图 13.55）。

[GCP 终端]

```
$ ls
Anaconda3-5.1.0-Linux-x86_64.sh
```

确保已下载 Anaconda，输入 bash 命令运行 Anacond 文件 (Anaconda3-5.1.0-Linux-x86_64.sh) 完成安装（见图 13.56）。

[GCP 终端]

```
$ bash Anaconda3-5.1.0-Linux-x86_64.sh
```

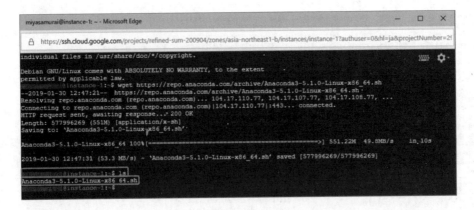

图 13.55 检查下载文件

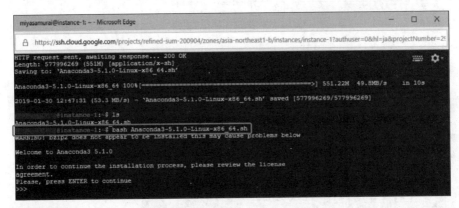

图 13.56 运行 Anaconda 的 shell 文件

按"Return"回车键查看使用条款（见图 13.57）。按空格键可以阅读更多条款。

仅需按"Return"回车键即可。要接受使用条款，请输入"yes"（见图 13.58）。

输入 Anaconda 要安装的目录。如果不想更改，请按"Return"回车键（见图 13.59）。然后按"Return"回车键完成安装。如果安装中途出现错误，请在 GCP 终端上运行以下命令，然后再次运行 Anaconda shell 文件。

[GCP 终端]

```
$ sudo apt-get install bzip2
```

安装完 Anaconda 后，使用 ls 命令检查目录，会发现目录下自动创建了一个名为 anaconda3 的文件夹（见图 13.60）。

[GCP 终端]

```
$ ls
```

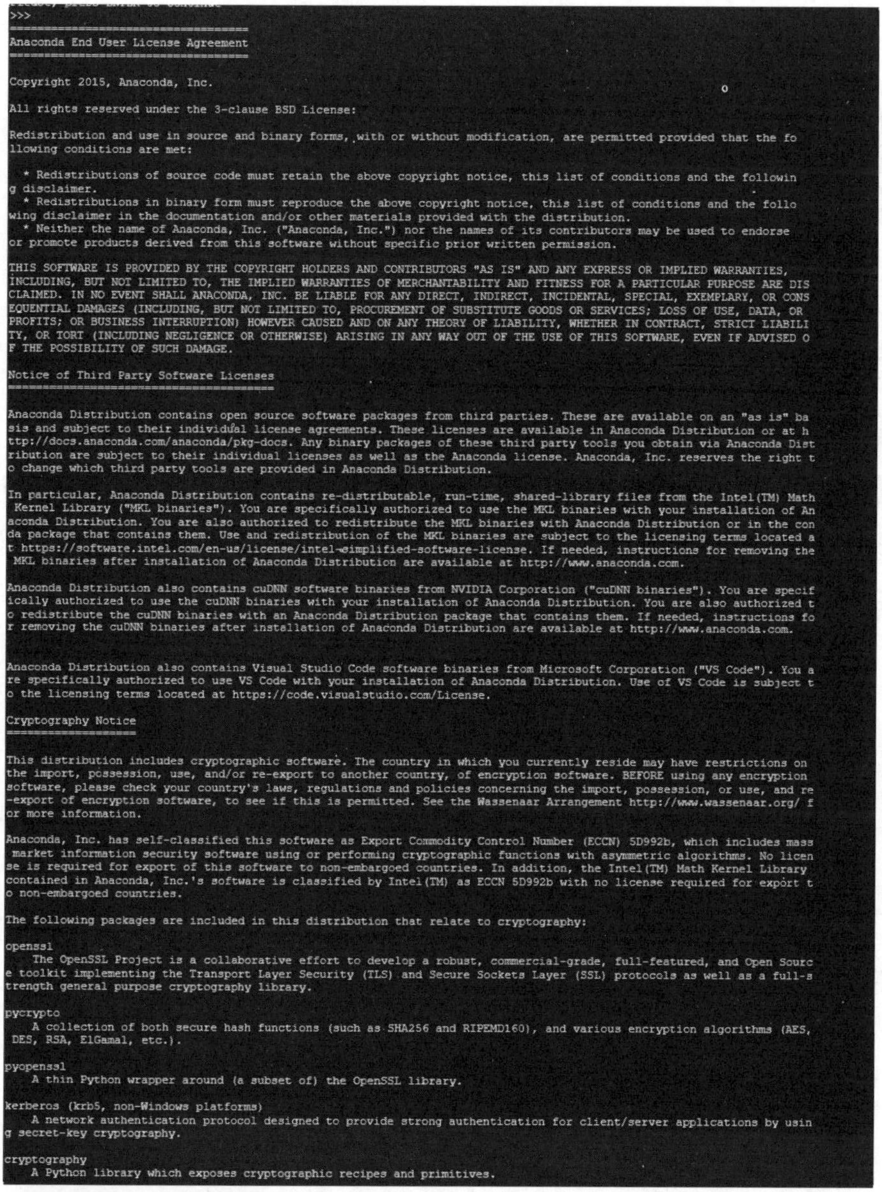

图 13.57 查看使用条款

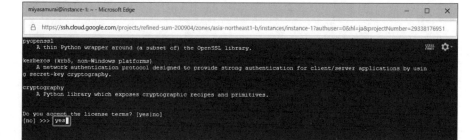

图 13.58 接受使用条款

图 13.59 运行安装程序

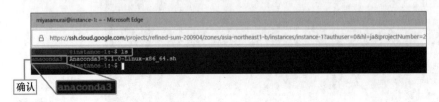

图 13.60 确认目录

由于不再需要安装 Anaconda3-5.1.0-Linux-x86_64.sh，因此使用以下命令将其删除（见图 13.61）。

[GCP 终端]

```
$ rm Anaconda3-5.1.0-Linux-x86_64.sh
```

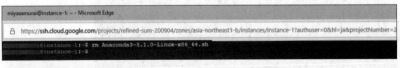

图 13.61 删除 Anaconda3-5.1.0-Linux-x86_64.sh

13.10 启动 NyanCheck

接下来，我们将在 Google Cloud Platform 上部署 NyanCheck。

在 Google Cloud Platform 上配置 NyanCheck

首先，压缩包含训练模型的"nyancheck"文件夹（见图 13.62 ①~④）。

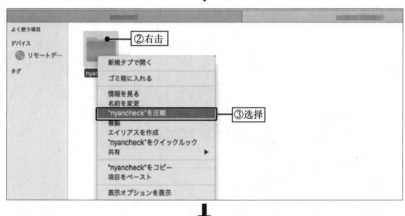

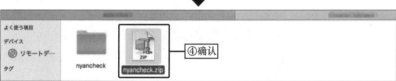

图 13.62 压缩"nyancheck"文件夹

压缩完成后，将 nyancheck.zip 的压缩文件复制到"Google Cloud SDK"文件夹下（见图 13.63 ①和②）。

将压缩文件复制到 Google Cloud SDK 文件夹后，使用 ls 命令检查文件是否存在（见图 13.64）。

[终端]

```
$ ls
```

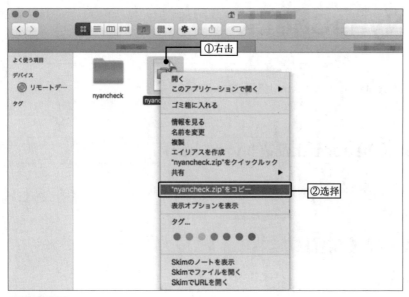

图 13.63 复制 nyancheck.zip 压缩文件

输入以下命令将显示 Google Cloud Platform 登录页面。

[终端]

```
$ gcloud auth login
```

图 13.64 确认文件存在并登录 Google Cloud Platform

在登录页面使用您的账户登录（见图 13.65）。

图 13.65 登录账户

当登录 Google Cloud Platform 时，看到"Google Cloud SDK 正在请求访问你的 Google 账户"的页面（页面已省略），单击"允许"时，出现"Google Cloud SDK 认证完成"，表示已经认证完毕（见图 13.66）。

图 13.66 显示"Google Cloud SDK 认证完成"

接下来是上传任务。单击顶部的"控制台"以访问 Google Cloud Platform 控制面板并检查项目 ID（见图 13.67）。

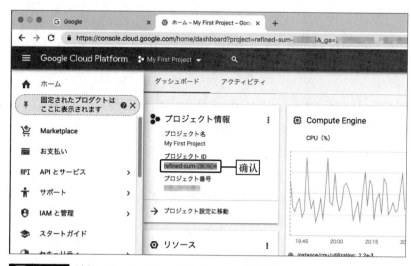

图 13.67 访问 Google Cloud Platform 控制面板

选中 ID 字符串，然后右键单击并选择"复制"（见图 13.68 ①和②）。

复制项目 ID 后，可以将其设置为"Google Cloud 集项目"，如下面的命令所示，粘贴并输入图 13.68 中复制的 ID 并执行命令。

图 13.68 复制项目 ID

[终端]

```
$ gcloud config set project refined-sum-XXXXXX (X 是唯一的
这将是一个 ID)
```
适时更改使用的项目名

接下来，使用以下命令设置刚刚启动的 Google Cloud Engine 的 compute/zone。

[终端]

```
$ gcloud config set compute/zone asia-northeast1-b
```
适时更改所在区域

完成设置并连接到 Google Cloud Engine 后，可以将压缩文件上传到 Google Cloud Platform。通过输入项目 ID 来指定根目录⊖（见图 13.69）。

[终端]

```
$ gcloud compute scp ./nyancheck.zip instance-1:~/
```

⊖ 在本地 OS 登录用户名 home 目录中上传时，请添加 <GCP 端用户名>@ 后运行。

[终端]

```
$ gcloud compute scp ./nyancheck.zip <GCP 端用户名>
@instance-1:~/
```

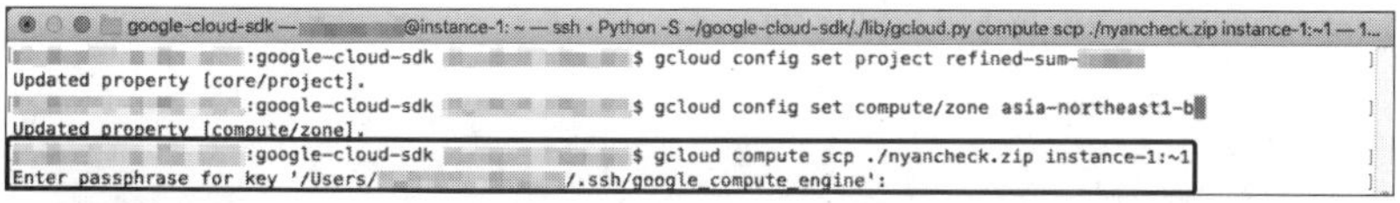

图 13.69 将压缩文件上传到 Google Cloud Platform

> **!注意**
>
> **生成 SSH 密钥**
>
> 读者可能需要先生成 SSH 密钥。生成 SSH 密钥方法请参考以下网站。
>
> - 工程师的不眠之夜：[私有钥匙/公开钥匙]如何通过 SSH 连接 GCP
>   URL https://sleepless-se.net/2018/09/15/gcp-ssh/

显示正在上传压缩文件时，请等待一段时间。上传完成后，返回到 Google Cloud Platform 控制台。

键入 ls 命令查看，可以看到 nyancheck.zip 已上传（见图 13.70）。

[GCP 终端]

```
$ ls
```

要解压缩的 zip 文件，请使用以下命令先安装 unzip（见图 13.70）。

[GCP 终端]

```
$ sudo apt install unzip
```

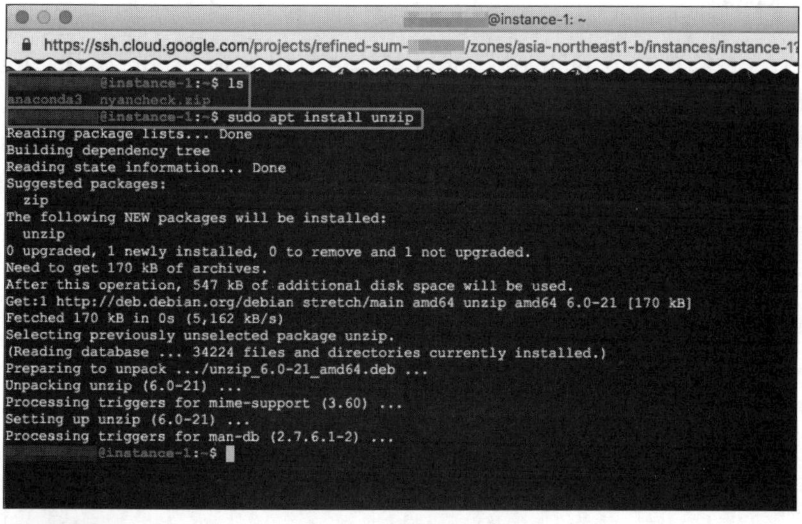

图 13.70 确认上传 nyancheck.zip 和安装 unzip

运行 unzip 命令解压缩 nyancheck.zip（见图 13.71）。

[GCP 终端]

```
$ unzip nyancheck.zip
```

图 13.71　解压缩 nyancheck.zip

解压缩后，应该有一个名为"nyancheck"的目录。请使用 ls 命令进行确认（见图 13.72）。

[GCP 终端]

```
$ ls
```

解压后，不再需要 nyancheck.zip，请将其删除。使用 rm 命令删除 nyancheck.zip（见图 13.72）。

[GCP 终端]

```
$ rm nyancheck.zip
```

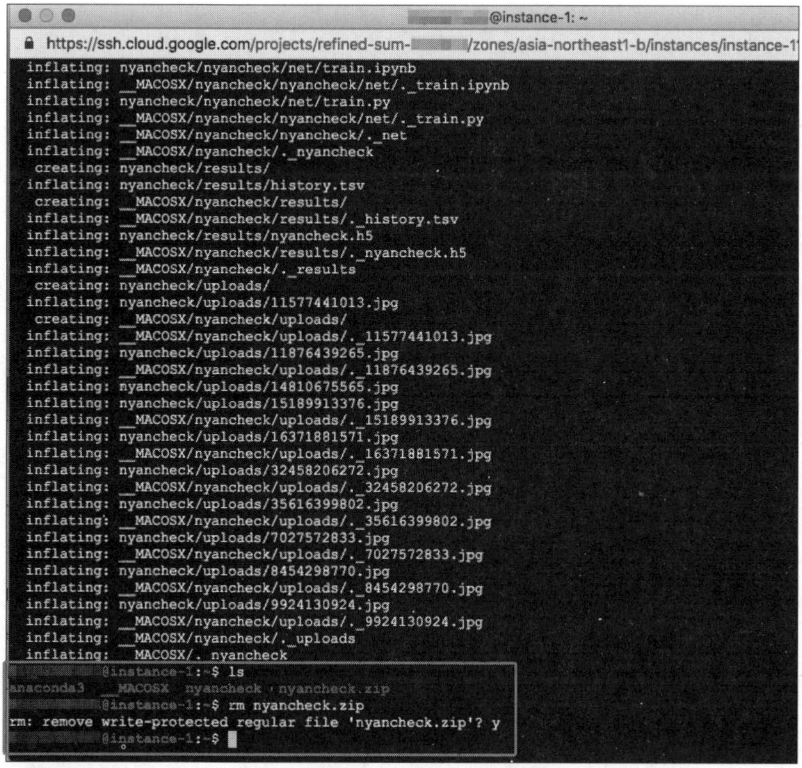

图 13.72 确认 nyancheck 目录中是否删除 nyancheck.zip

使用 cd 命令切换到 nyancheck 目录。

[GCP 终端]

```
$ cd nyancheck
```

切换到"nyancheck"目录后,使用 pip 命令安装第 13 章中介绍过的所需的库(参见 Prologue),然后使用 python 命令运行 app.py 来启动 NyanCheck(见图 13.73)。

[GCP 终端]

```
$ python app.py
```

图 13.73 运行 app.py

在 Google Cloud Platform 上启动 NyanCheck 后,返回到 Google Cloud Platform 控制板以查看 VM 虚拟机实例(见图 13.74)。在本例中,实际地址用 X 表示。

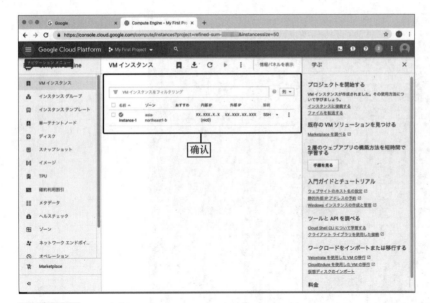

图 13.74 VM 实例展示

NyanCheck 现在已部署到平台，可以使用 IP 从外部访问。让我们复制这个 IP（见图 13.75 ①和②）。

图 13.75 复制外部 IP

将刚才复制的地址粘贴到浏览器地址栏中，指定端口号 5000，然后按回车键（见图 13.76）。

如果出现如图 13.77 所示的 NyanCheck 页面，表示已完成部署。

使用部署的 NyanCheck 来识别猫的种类。选择图像文件，然后单击"发送"按钮（见图 13.78 ①～④）。

单击"Nyan Check！"按钮来尝试识别。识别结果为"苏格兰折耳猫"（见图 13.79 ① 和②）。

图 13.76 在浏览器中输入 IP 地址

图 13.77 NyanCheck 的页面

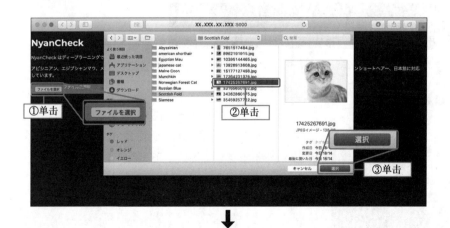

图 13.78 单击"发送"按钮

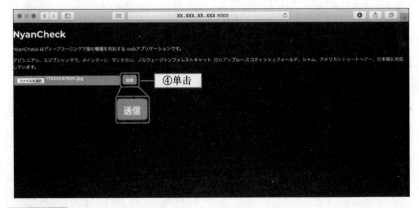

图 13.78 单击"发送"按钮（续）

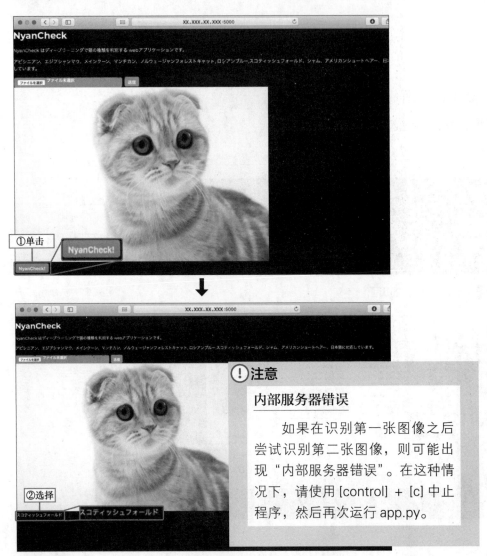

> **注意**
>
> **内部服务器错误**
>
> 如果在识别第一张图像之后尝试识别第二张图像，则可能出现"内部服务器错误"。在这种情况下，请使用 [control] + [c] 中止程序，然后再次运行 app.py。

图 13.79 单击"Nyan Check！"按钮显示猫种类的识别结果